百家讲坛
LECTURE ROOM

U0104403

荣宏君 著

翰墨天香

牡丹文化两千年

顾恺之

周昉

宋徽宗

欧阳修

钱选

唐寅

徐渭

蒲松龄

郑板桥

张伯驹

中原出版传媒集团
中原传媒股份公司
河南文艺出版社

荣宏君 著

翰墨天香

牡丹文化两千年

河南文艺出版社
·郑州·

图书在版编目(CIP)数据

翰墨天香:牡丹文化两千年/荣宏君著. --郑州:河南
文艺出版社,2024.5

ISBN 978-7-5559-1682-6

Ⅰ.①翰… Ⅱ.①荣… Ⅲ.①牡丹-文化-中国-普及
读物 Ⅳ.①Q949.746.5-49

中国国家版本馆 CIP 数据核字(2024)第 052774 号

出 版 人	许华伟		
策划编辑	刘晨芳 丁晓花		
责任编辑	刘晨芳 丁晓花		
责任印制	陈少强		
责任校对	赵红宙 樊亚星		
书籍设计	吴 月		

出版发行	河南文艺出版社	印 张	14.25
社 址	郑州市郑东新区祥盛街 27 号 C 座 5 楼	字 数	194 000
承印单位	河南瑞之光印刷股份有限公司	版 次	2024 年 5 月第 1 版
经销单位	新华书店	印 次	2024 年 5 月第 1 次印刷
开 本	700 毫米 × 1000 毫米 1/16	定 价	98.00 元

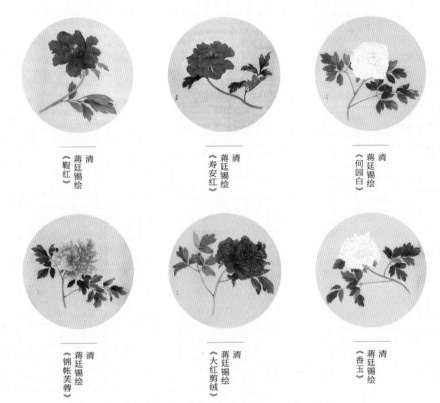

清
蒋廷锡绘
《鞓红》

清
蒋廷锡绘
《寿安红》

清
蒋廷锡绘
《何园白》

清
蒋廷锡绘
《锦帐芙蓉》

清
蒋廷锡绘
《大红剪绒》

清
蒋廷锡绘
《香玉》

牡丹

扫码领略

牡丹千年

文化艺术史

牡丹文化

解读牡丹背后
的中华文化

趣话牡丹

掌握牡丹趣味
百科知识

走近作者

了解更多创作
故事和背景

配套插图

高清美图随时
在线浏览

牡丹是中国独有的名贵花卉，花大色艳，花色品种繁多，自古就有"百花之王""国色天香"的美誉。牡丹雍荣华贵，花香袭人，千百年来一直深受国人喜爱，被视为吉祥富贵、繁荣昌盛的象征。

牡丹文化起源很早，早在3000多年前，中国第一部诗歌总集《诗经》就已辑录了歌咏牡丹的诗句。秦汉时期，人们发现了牡丹独有的药用价值，从此牡丹走进药物学，被著录于现存最早的中药学著作《神农本草经》一书。牡丹花型硕美，风姿绰约，不仅受到诗人关注以外，还很早就受到画家们的青睐。在中国悠长的绘画历史中，擅画牡丹的画家可谓人才辈出，多不胜数。东晋时期，画圣顾恺之第一次把牡丹请进《洛神赋》图，从此牡丹融入绘画，成为艺术家最为喜爱的题材之一。顾恺之之后的北齐画家杨子华，也擅画牡丹，他的绘画到北宋时期还有流传，大文豪苏东坡面对杨子华的牡丹画作，曾发出这样的浩叹："丹青欲写倾城色，世上今无杨子华。"由此可见，杨子华确实在牡丹绘画艺术上取得了巨大成就。此后，唐代边鸾，五代徐熙，明代唐伯虎、徐渭、陈淳，清代恽寿平、吴昌硕、任伯年，近代齐白石、张大千、王雪涛等都是牡丹绘画高手，他们笔下的牡丹，或清丽婉约，或苍劲雄秀，形成了一条波澜壮阔的中国牡丹文化长河。

本书就从这浩瀚的中国文化艺术史长河中，选取了顾恺之、周昉、宋徽宗、钱选、唐伯虎、徐渭、蒲松龄、郑板桥、张伯驹等代表性人物，集中介绍这些艺术家最具特色的牡丹艺术作品，讲述这些作品在流传过程中鲜为人知的故事。关于中国绘画,众所周知,注重诗、书、画、印相结合,艺术家把这四种不同的艺术门类有机地融合在一起,使它们既相映生辉,又相得益彰,尤其是诗词题跋,不但能够丰富画面的内容,而且可以深化绘画的意境,给观者以更多的审美享受。为了使读者更加深入地理解牡丹绘画艺术,笔者又特意选取历代271位著名诗人最具代表性的咏牡丹诗词539首,希望大家在诗情画意中尽领国色天香之大美。

诵读历代牡丹绘画和诗词,纵观中国文化艺术史,牡丹是艺术家笔下最为常见的题材,也早已成为国画艺术中被永恒演绎的经典形象。牡丹文化之所以能够在我国长盛不衰,这与牡丹所代表的精神形象和民族的审美追求有着重大关联。千百年来,经过历代文人雅士的砥砺淬炼,牡丹文化已成为我国传统文化的一个重要组成部分。相信随着传统文化的全面复兴,牡丹文化必将在未来的日子里继续发扬光大,必定会成为中华文化的璀璨明珠。

是为序!

目　录

壹

○

洛水春晖

牡丹是中国独有的名贵花卉，花开的时候，芳香四溢，花大如盘，被称为"国色天香"。牡丹雍容华贵、艳冠群芳，又被赞誉为"花中之王"，是富贵吉祥、繁荣昌盛的象征。千百年来，牡丹深受中国广大人民的喜爱，也是历代艺术家笔下演绎的经典对象。中国人赏牡丹、画牡丹、咏牡丹，牡丹也以当仁不让的艺术形象逐渐融进诗词、戏曲、书画、音乐、雕刻、建筑、文学等艺术样式之中，陶冶着人们的情操，滋养着人们的性灵，最终形成了中华民族特有的博大精深的"牡丹文化"。

牡丹凝自然之灵气，汲天地之精华，一千多年以来，已经成为国家历史兴衰的见证和民族繁荣昌盛的象征。那么，牡丹到底是一种什么样的花卉？它是从什么时候开始进入艺术史的？历史上又有哪些牡丹绘画名家？他们创作了什么样的艺术作品？这些作品又是如何传承到今天的呢？

牡丹花大色艳，风姿绰约，特别适合入画，很早就成为艺术家追逐描写的对象。那么在历史上又是哪一位画家首先把牡丹纳入笔下描绘到画中的呢？要想了解牡丹和绘画相结合最早的历史，就必须介绍东晋时期的一代画圣顾恺之和他的传世名作《洛神赋图》。

顾恺之，江苏无锡人，字长康，小字虎头。顾恺之博学多才，是东晋杰出的画家。在魏晋以前，绘画还不是一门独立的艺术，所以画家只被当成一般的画匠、画工来看待，根本没有什么社会地位，更不用想什么青史留名了！不过从魏晋南北朝以后，画家才开始以艺术家的身份出现在艺术史当中。目前，从中国的文献史料中能够查到有确切姓名而且还能够有画作流传到今天的第一位艺术家就是顾恺之了。除此以外，顾恺之还是第一位被《晋书》列传的画家。另外，他还是第一位有专篇画论存世的画家，他的《论画》《魏晋胜流画赞》《画云台山记》等三篇画论保存至今。其中"迁想妙得""以形写神"的美学观点，对中国绘画的发展产生过巨大影响。

在绘画上，顾恺之擅长山水、人物的创作，尤其在人物画创作上取得了极大的成就。顾恺之强调人物画要以形写神，尤其是对于眼睛的刻画，他曾说：

传神写照，正在阿堵中。❶

这句话的意思就相当于我们今天常说的"眼睛是心灵的窗户"，画人物最为重要的就是表现人物的眼睛。北宋文豪、文人画的创始人苏东坡也非常认同顾恺之的这个观点。

顾恺之的人物画创作，十分重视人物眼睛的刻画，还流传着一个故事，据《世说新语》记载，东晋兴宁二年（364年），南京兴建一座大庙，名为瓦棺寺，公开向各方人士募捐。有不少官员、富商认捐，但是没有一个人超过十万钱的。当时顾恺之才二十多岁，一天，他来到瓦棺寺，当场宣布要捐款一百万。这可是一笔巨款，大家都半信半疑，笑话他又犯了痴病了。顾恺之也不反驳，他让寺里的和尚粉刷了一面白墙，然后就搬进了庙里，接下来他废寝忘食，用了一个多月的时间，在这面白墙上画了一幅《维摩诘说法图》，但是没有画眼睛。这个时候，顾恺之就对外宣布，他马上要给维摩

❶
〔南朝宋〕刘义庆著，朱碧莲、沈海波译注《世说新语》（全二册），北京：中华书局，2015年，第710页。

翰墨天香：牡丹文化两千年

〇〇四

诘画像"点睛"了，欢迎广大信众围观，不过第一天来看画必须要捐款十万，第二天捐款五万，第三天以后再来看画任意捐。这个消息传出来以后，引起巨大的轰动，大家都听说顾恺之画眼睛是一绝，都争先恐后地来观看，没想到第一天捐款就超过了百万。

上面这个故事流传很广，可以看出顾恺之确实画技超群，所以在画史上，他也赢得了才绝、画绝、痴绝"三绝"的美誉。当时的名相谢安就非常看重顾恺之在绘画上取得的成就，称赞他是"苍生以来未之有也"！

谢安认为，顾恺之的绘画是有人类以来从未有过的作品，也就是说前无古人，这个评价可以说已经到了极致。由此来看，说顾恺之在中国绘画史上是一个开天辟地式的人物也毫不为过，那么，他究竟还有没有画作传世呢？非常遗憾，因为顾恺之生活在遥远的一千六百多年前，年代过于久远，目前还没有发现有真迹流传下来。不过值得庆幸的是，今天还辗转保存下来三件临摹作品，从这三幅临摹作品中我们依然能够领略到顾恺之的高超画技。

第一件《列女仁智图》，它以绘画插图的形式反映了汉代宫廷生活以及权臣之间的内部斗争，颂扬历代有贤德有远见的女子们的明智美德。这幅画是乾隆皇帝的收藏，曾收录到《石渠宝笈初编》。顾恺之原作早已丢失，现存作品是绢本，已经残缺不全。有人认为这是北宋时期的摹本，书画鉴定家杨仁恺先生认为是六朝后期的原作。民国期间，被清朝废帝溥仪携带出宫，后来在长春伪皇宫流散出来，被北京琉璃厂的书画商人靳伯声、穆磻忱买到，1953年重新回到故宫，现

东晋 顾恺之《列女仁智图》(北京故宫博物院藏)

在收藏在北京故宫博物院。

　　第二件《女史箴图》，这幅画是顾恺之根据西晋文学家张华的文章《女史箴》所画的一幅长卷，原作丢失，现在保存下来的是唐朝的摹本。《女史箴图》原来收藏在清内府，庚子年八国联军侵华，北京再次沦陷，《女史箴图》被英军上尉约翰逊抢走，1903年，他将画卖给了英国不列颠博物馆。也有传说，慈禧太后当年为了庆贺英国女王的生日，就把《女史箴图》当作贺礼送给了英国。现在这幅画作收藏在不列颠博物馆。

　　第三件《洛神赋图》，这是一幅国宝级的绘画作品。

　　《洛神赋》是三国时期的文学家曹植创作的名篇。曹植用浪漫主义的手法记述了自己与洛水女神的一场跨越时空的爱情故事。顾恺之被这段人神之间的真挚爱情深深感动，就以《洛神赋》为蓝本，用高度的艺术想象力和高超的绘画技巧完

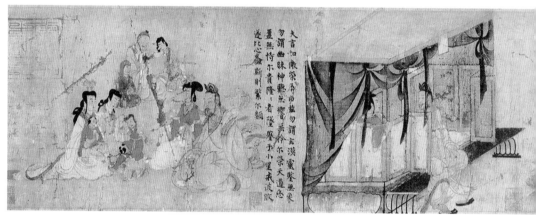

东晋　顾恺之《女史箴图》(摹本)(不列颠博物馆藏)

美地表达了原作的意境。目前《洛神赋图》传世的临摹本共
有九件，其中北京故宫博物院收藏的宋代摹本最接近六朝画
风，品相也保存得最为完整。

《洛神赋图》全卷可以分为三个部分：

第一部分描绘了黄昏的时候，曹植率领随从由京都洛阳
返回封地，在洛水之滨停下来休息。这个时候，一位风姿绰
约、含情脉脉的美丽女子突然现身在平静的水面上，她就是

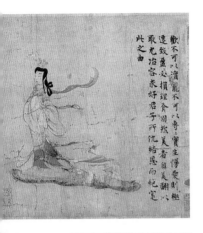

传说中的洛水之神宓妃。据说宓妃是伏羲氏的女儿，幼年的时候在洛水溺亡，后来就成为洛水之神。顾恺之用"春蚕吐丝描"的绘画手法把洛神明眸善睐、柔情万种的神态刻画得惟妙惟肖。

第二部分主要表现人神殊途，最终被迫含恨别离时的场景，这也是故事的高潮。这一节，顾恺之浓墨重彩地描绘了洛神离去时的阵容，场面宏大，热闹非凡。六条龙驾驶着云车，洛神乘坐着云车渐行渐远，曹植强忍悲痛，无可奈何地看着洛神消失在烟波浩渺的云水之间。

第三部分表现了曹植就驾启程的情景。洛神离去以后，曹植彻夜难眠，在洛水岸边一直等到天亮，但是人神相隔，再也见不到洛神的身影了。曹植干脆乘舟溯流而上追赶云车，希望能够再次见到心中的女神。

现在《洛神赋》和《洛神赋图》早已经是家喻户晓的千古名作了，但是大家知道吗？最初这篇赋文的名字并不叫《洛神赋》，而是叫《感甄赋》，为什么叫《感甄赋》呢？又是谁把它易名为《洛神赋》的呢？这和曹植的一段哀婉曲折的人生经历有关。

曹植（192—232），字子建，今安徽省亳州人，是一代枭雄曹操的第四个儿子，生前曾为陈王，去世后谥号"思"，因此又被称为陈思王。

曹植自幼才思敏捷，才华横溢，是三国时期著名的文学家，建安文学的代表性人物，后人因其文

洛神賦第一卷

北宋 佚名 摹顾恺之《洛神赋图》(第一卷)(北京故宫博物院藏)

0 1 1

学上的造诣而将他与父亲曹操、二哥曹丕合称为"三曹"。曹植文采风流,在诗歌和散文创作上都取得了巨大成就,《诗品》的作者钟嵘高度赞赏曹植,评价曹植:

> 骨气奇高,词彩华茂……粲溢今古,卓尔不群。❶

南朝诗人、文学家谢灵运对曹植的才情更是佩服到了极致,他曾说"天下才有一石,曹子建独占八斗"。"八斗之才"后来就成为赞美人文才高超的代名词,成语"才高八斗"也就是从这个典故演化而来。

后世对曹植的文采更是推崇备至,李白、杜甫、赵孟頫都是他的铁杆粉丝。到了明末清初,杰出的诗人王渔阳更是把曹植评为汉魏以来两千年间的"仙才",他认为在中国文坛上只有曹植和李白、苏轼三个人才能配得上"仙"这个称号。

曹植的二哥曹丕也是才高八斗之人,建安文学的主力干将,他主张"盖文章,经国之大业,不朽之盛事"❷,抒发了渴望建功立业的雄心壮志。兄弟两个人本来关系融洽,兄友弟恭,可是后来不幸的是,命运却让这一对亲兄弟渐行渐远,最终反目为仇。这是为什么呢?因为他们同是曹操的儿子,为了能够成为世子,继承王位,为了能够成为曹操事业的继承人,两人最终从手足兄弟变为竞争者,甚至变成敌人。曹植虽然有"八斗之才",但是在政治上却不是曹丕的对手,曹操本来非常看重曹植,但是曹植"才大志疏",经常喝酒误事。曹操认定曹植根本继承不了自己的伟大事业,所以就决定把王位传给曹丕。

❶
〔梁〕钟嵘著、曹旭集注《诗品》,上海:上海古籍出版社,1994年,第97页。

❷
罗宗强:《魏晋南北朝文学思想史》,北京:中华书局,1996年,第16页。

曹植不但在政治的角逐上完败给了曹丕，在爱情上也同样遭受曹丕的碾压，为此还产生了一段哀婉凄绝的爱情故事。据唐朝的李善在萧统编著的《昭明文选》这本书中讲述，曹植暗恋上蔡县令甄逸的女儿甄宓，但是后来甄宓却被曹操赐给了曹丕做妻子，封为甄妃。曹植对甄妃一直念念不忘。甄妃被曹丕赐死。黄初二年（221年），曹植到都城洛阳去觐见魏文帝曹丕，曹丕取出了甄妃曾用过的金缕玉带枕给他看，曹植睹物思人，痛不欲生。到了晚上，甄妃的儿子曹叡宴请叔父曹植，干脆把这个枕头送给了他。曹植抱着枕头返回封地，睹物思人，路过洛水的时候夜宿舟中，当晚做了一个梦，梦见甄妃凌波御风而来和自己幽会，梦醒以后有感而发，回到封地，文思激荡的曹植挥笔写成了《感甄赋》，一经推出，这篇赋文轰动了文坛。后来曹植的侄子曹叡当了皇帝，把《感甄赋》改成了《洛神赋》。

以上这段故事，讲述的就是千古名篇《洛神赋》诞生的过程。不过在这里还存在一个疑问，那就是《洛神赋》为什么一开始叫作《感甄赋》呢？要想厘清这个问题，还要从这个"甄"字以及曹植和山东古县鄄城的一段因缘说起。

鄄是一个生僻字，很多人不知道它的读音，这是为什么呢？因为中国的汉字大概有十万个，但是"鄄"字仅仅有一个用途，那就是用在古地名"鄄城"一词上。鄄城隶属于今天的山东省菏泽市，菏泽古称曹州，是中华文明的发祥地之一，也是闻名中外的牡丹之乡。菏泽市下辖七县三区，光千年古县就有八个，其中以水浒文化闻名天下的"郓城"县和"鄄城"县一样，这个"郓"字也是地名的专用字。

在这里为什么要专门介绍鄄城呢？这是因为鄄城和曹植以及《洛神赋》有着重要的关系。

鄄城早在西汉初年就已经设立县治，是中华人民共和国民政部认定的"千年古县"。现在的鄄城县位于黄河南岸，又称"古鄄"，这里历史悠久，人文荟萃，著名的军事家孙膑就是鄄城人，据《史记》记载："膑生阿、鄄间"，"阿"指的是郓城县，"鄄"说的就是鄄城县。所以鄄城是一方非常古老的土地，鄄城立县到今天至少已经有两千二百年的历史了。一千八百年前，已经有四百岁建城史的鄄城将迎来一位在中国文学史上具有相当地位的人物，他就是大诗人曹植。那么曹植到底为什么来到鄄城？这还要从他的兄长曹丕说起。

曹丕嫉妒弟弟的才华，处处提防着曹植，尤其是当上皇帝以后，多次想杀掉他。在《三国演义》这部小说中，曾记录了一个故事，说有一次曹丕命令曹植在七步之内作一首诗，如果写不出来，立刻杀头，没想到曹植应声就作诗一首，这就是大家耳熟能详的《七步诗》：

煮豆燃豆萁，豆在釜中泣。

本是同根生，相煎何太急？

其实这首诗原来出自南朝刘义庆的《世说新语》一书，

罗贯中根据小说需要把原诗作了比较大的改动，原诗共有六句，是这样写的：

> 煮豆持作羹，漉菽以为汁。
> 其在釜下然，豆在釜中泣。
> 本自同根生，相煎何太急！❶

221年，曹丕对曹植的容忍大概到了极限，宣称他酒后傲慢无礼，要劫持皇帝委派的使臣，就以这个为理由，先把曹植贬为安乡侯，同年，又改封为鄄城侯。大概是念及一母同胞之情，曹丕对弟弟又动了恻隐之心，第二年，加封曹植为鄄城王，食邑两千五百户。

曹植来到鄄城后，认为自己一身才华得不到重用，内心十分苦闷。郁郁寡欢的曹植当时也只能做三件事，那就是喝酒、读书、写文章，以此来打发无聊的时光。后来，为了读书会友方便，他还专门在鄄城建造了一个读书台，在这里赋诗、会友，借酒浇愁，因为曹植后来被封为"陈王"，所以后人就把曹植读书处称为"陈王读书台"。直到今天，这个读书台的遗址依然保留在鄄城县境内。

曹植曾在鄄城两年，就在这段时间里往返京师，路过洛川，梦中偶遇宓妃洛神，回到封地鄄城后写下千古名篇《感鄄赋》。

曹植明明是怀念甄妃，这篇辞赋应该叫作《感甄赋》，为什么叫《感鄄赋》呀？曹植和自己的亲嫂子相恋，这可是有违人伦的事，他自己也明白这是大逆不道。因为在魏晋时期，

❶
〔南朝宋〕刘义庆著，朱碧莲、沈海波译注《世说新语》（全二册），第246页。

"甄"和"鄄"字通用，曹植又是曹丕亲封的货真价实的鄄城王，所以他就偷换概念，光明正大地把这篇怀念甄妃的文章命名为《感鄄赋》了。其实大家都明白，曹植醉翁之意不在酒。甄妃的儿子曹叡觉得叔父的做法不得当，当曹叡做了皇帝以后，为了顾及皇家的面子，当然更是为了家丑不可外扬，他就下令把《感鄄赋》改成了《洛神赋》。

以上介绍了顾恺之传世的三件绘画作品，重点介绍了顾恺之传世代表作《洛神赋图》。前面曾有交代，说牡丹和顾恺之以及他的《洛神赋图》有重要关联，那么为什么在画面上根本没有看到任何有关牡丹的信息呢？其实牡丹就隐藏在画中的一个神秘角落，让我们先来欣赏曹植的一段赞美洛神的文字：

> 翩若惊鸿，婉若游龙。荣曜秋菊，华茂春松……
>
> 皎若太阳升朝霞……灼若芙蕖出渌波……
>
> ——曹植《洛神赋》

陈王读书台遗址

东晋　顾恺之《洛神赋图》中的两只鸿雁、一条飞龙

　　这几段描写，曹植几乎用尽了世间最美好的文字，把洛神写得美若天仙、柔情万种。文字是一种抽象的描述，可以给人以无尽的遐想，但是绘画却是立体的、具象的，那么顾恺之又是用什么绘画技巧把这种抽象美变成画面上的具象美呢？画面中，顾恺之拥有丰富的想象力，他用春蚕吐丝的笔法把洛神描画得衣袂飘飘、顾盼生神。除此之外，还运用烘托的手法，在画的顶部画了两只惊飞的鸿雁，大雁的下面是一条腾云驾雾的飞龙。一提到龙，给人的印象多是张牙舞爪、怒目圆睁，但顾恺之笔下的这条龙却画得非常温柔，飞翔的姿态也十分优美。在这里，画家是想借用这条祥龙来比喻洛神的"凌波微步，罗袜生尘"的优美姿态。再看，洛神的左上方，画了一轮正在冉冉升起的红日，阳光普照，使画面充满了朝气。洛神的身旁是春松和秋菊，脚下则是出污泥而不染的正在盛开的鲜艳的荷花。鸿雁、祥龙、春松、秋菊和荷花都是曹植原文中的描写，以这些美好的动植物来衬托洛神的风姿绰约，顾恺之在画中除了忠实地描写这些原作中的动植物以外，为了画面的需要，他还在画中布置了大量的其他名贵树木花卉。比如银杏树在南北朝时期就深受文人、士大夫的喜爱，著名的南朝画像砖《竹林七贤与荣启期》在不大的画面上就布置了五棵银杏树。顾恺之在《洛神赋图》中也画了大量的银杏，

南朝画像砖《竹林七贤与荣启期》

竟多达二百多棵。第一段中，在曹植和洛神之间就有一棵高大的银杏树，在这棵银杏树下，还生长着一棵正在盛开的花卉，这是什么花呢？这就是一棵正在怒放的白牡丹。牡丹雍容华贵，富丽端庄，素有"花中之王"的美誉，正好用它来衬托洛神高贵典雅的气质。

虽然在《洛神赋图》中，牡丹只是以配角的形式出现，但正是在顾恺之笔下的这惊鸿一瞥，却把牡丹的栽培驯化历史定格在一千六百多年前，牡丹从此与艺术家结缘，也成为

东晋　顾恺之《洛神赋图》中的银杏树与牡丹

各种艺术形式争相描摹的对象。千古名篇《洛神赋》不但给后世留下了一段缠绵悱恻的人神之恋故事，还把古都洛阳和相隔六百里外的古曹州神奇地衔接起来，多年以后这两个地方相继成为国花牡丹的栽培中心。

　　牡丹在今天已司空见惯，一说到牡丹，我们脑海中呈现的就是它千姿百态、雍容华贵的形象，那么，这种花原来生长分布在什么地方？我们的祖先为什么给它起名叫"牡丹"呢？

牡丹是中国土生土长的一种野生植物，属于芍药科，是多年生落叶灌木。据植物学家考察，在我国野生牡丹有四个种群，主要分布在黄土高原、秦巴山区、青藏高原和云贵高原北部。自古以来，中国就是牡丹起源、演化的中心，在长达数千年的历史长河中，随着我国朝代的更迭，牡丹的栽培和发展也经历了好多次大的盛衰交替。在原生种群的基础上，经过历代花农的精心培育，牡丹最终形成了四个主要的品种群，它们分别是：

一、中原品种群

中原牡丹品种群的栽培历史最为悠久，主要分布于黄河中下游地区，栽培中心以今天的山东菏泽、河南洛阳和首都北京为代表，中原牡丹品种群是中国培育牡丹品种的主要体系。

二、西北品种群

西北品种群分布在甘肃，除甘肃临洮，青海西宁也有种植。这个地区的牡丹植株高大，生长迅速。代表品种是紫斑牡丹。为什么叫紫斑牡丹呢？因为这种花的花瓣底部都有一片片深紫色的斑块，所以就统称紫斑牡丹。

三、江南品种群

江南品种群主要分布在安徽、江苏、浙江杭州和上海。

这个品种群的特点：耐湿热，开花较早，植株高大，生长较快。

四、西南品种群

西南品种群则以今天的四川天彭为中心，在云南、贵阳和四川均有种植。植株高大，枝叶稀疏，花大，花期长。

中国是牡丹的发祥地和唯一的原产地，公元8世纪传入日本，17世纪传入荷兰，18世纪传入英国，19世纪则传入美国和法国，现在中国牡丹早已是享誉世界的著名花卉。但是，人们对牡丹的认识却经历了一个十分曲折的过程。今天已闻名世界的牡丹在秦汉以前并没有确切的名字，因为外形和芍药长得近似，所以当时就统称它们为芍药。

比如，在我国最早的一部诗歌总集《诗经·郑风》中有很多描写男女情爱的句子：

维士与女，伊其相谑，赠之以勺药。

意思是说，少男少女们情窦初开，为了互相表达爱意，就赠送一枝芍药定情。其实，这里所说的芍药指的就是美丽的牡丹花。那么《诗经》里明明写的是芍药，我们为什么要说就是牡丹呢？我们来看，《诗经》里所写的这个节日是上巳节，就是每年阴历三月的上巳日，这个日期换算成阳历，就是现在四月的上旬，这个时间正是位于中原地区的郑国牡丹花开的时节，而芍药的花期延迟半个多月，也就是到阳历的五一前后才能陆续盛开。所以，《诗经》里所说的芍药指的是牡丹花。

另外，秦朝的道教名家安期生擅长医术，他在《服炼法》里有这样的记载：

芍药有二种：一者金芍药，二者木芍药。救病用金芍药，色白，多脂肉。木芍药色紫瘦，多脉。❶

❶〔宋〕苏颂撰、尚志钧辑校《本草图经》，合肥：安徽科学技术出版社，1994年，第155页。

因为芍药是草本，牡丹是木本，所以后人就称呼牡丹为"木芍药"。"木芍药"这个称呼一直延续到唐代。据北宋太平兴国年间成书的《太平广记》记载：

> 开元中。禁中初重木芍药。即今牡丹也。（开元《天宝花木记》云：禁中呼木芍药为牡丹）。❶

所以现在有的学者认为牡丹的得名就是从唐朝开始的。

一说到唐朝时期的牡丹，人们立刻想到女皇武则天。中国历史上这个唯一的女皇似乎和国色天香的牡丹有着不解之缘，武则天喜爱牡丹花，还曾经把家乡山西文水的牡丹移植到长安，以解思乡之苦。她与牡丹之间还产生过许多美丽的传说。比如唐史专家李树桐先生认为牡丹这个名字就是武则天所赐。那么，武则天为什么要把"木芍药"改名为"牡丹"呢？李先生认为这完全是出于政治的需要，为什么这样说呢？因为"牡"字本意是雄性，在这里又借指男子。"丹"指的是一片丹心，是一片赤诚的意思。也就是说，武则天虽然野心勃勃，但当时毕竟是男权社会，她希望普天下的男子都要对她赤胆忠心，永远归顺，所以，她就把木芍药改名为牡丹。那么事实是这样的吗？

其实在秦汉时期，已经出现了牡丹的说法，当时的牡丹是以药物的形式出现的。据说早在五千多年前，神农氏遍尝百草，发现了野生牡丹具有药性，可以治病救人，就把它列入《神农本草经》。西汉时期《神农本草经》成书，书中就明

❶
〔宋〕李昉等编《太平广记》，北京：中华书局，1981年，第1549页。

确列出了牡丹的药效功能：

> 牡丹味辛寒。一名鹿韭，一名鼠姑，生山谷。❶

❶
张宗祥撰、郑绍昌标点《神农本草经新疏》，上海：上海古籍出版社，2013年，第691页。

意思是说，牡丹的药性辛寒。另外，除了牡丹这个正式称呼之外，它还有鹿韭、鼠姑等两个别名，是一种生长在山野之间的野生植物。

通过《神农本草经》可以了解，我们的祖先早就发现了牡丹的药用功能，牡丹的根皮可以入药，就是历史上名贵的中药"丹皮"，丹皮能清热凉血、活血散瘀，是著名的"六味地黄丸"的主要成分。

1972年11月，在甘肃省武威市旱滩坡汉墓出土了九十二枚东汉早期有关医药的简牍，其中有两枚汉简记载了活血止痛的药方，都明确提到了"牡丹"这个称呼。

另外，至今在河北柏乡县还流传着一个"牡丹救主"的传说，讲述的就是牡丹和汉光武帝刘秀的故事。

西汉末年，王莽篡位，推翻了汉朝，建立新朝。王莽倒行逆施，天下大乱。公元22年，汉高祖刘邦的九世孙刘秀为了恢复汉室，率领起义军讨伐王莽。一次，刘秀战败，他被王莽的军队追杀到河北柏乡，眼看着后有追兵，前无去路，正在这个危难时刻，刘秀看到路旁有一座破败不堪的寺庙，就慌不择路地逃了进去，一头昏倒在一片花木丛里，侥幸躲过

甘肃武威市出土的"牡丹"汉简

了追杀。过了很久，刘秀被一阵阵花香催醒，他睁开眼睛，发现自己正躺在一大片牡丹花海中。当时正是谷雨时期，牡丹花开得又大又艳，花香沁人心脾，刘秀连忙起身拜谢牡丹的救命之恩。这就是"牡丹救主"的传说。据说，刘秀建立东汉政权后，不忘柏乡牡丹的救命之恩，就敕封这座寺庙为牡丹仙子神庙。从此以后，这座庙里的牡丹名声大噪。因为牡丹救过汉光武帝刘秀，所以后人也就把柏乡牡丹称为汉牡丹。直到今天，柏乡县还保持着种植牡丹的传统，柏乡也被誉为牡丹文化之乡。

由此来看，无论是正史还是民间传说，至少在两汉时期，牡丹这个名字已经出现了。但是还有很多人分不清牡丹和芍药，一直到了明朝，著名的医药学家李时珍才给牡丹做了一个最为准确、科学的定义，他在《本草纲目》中这样说：

　　牡丹以色丹者为上，虽结子而根上生苗，故谓之牡丹。❶

这句话是说，牡丹虽然结籽却通过根上生苗，所以称为"牡"，意思是牡丹可以无性繁殖。另外，牡丹开的花是红色的，所以就称为"丹"。二者合起来就是牡丹。这就是牡丹最为准确科学的定义。

❶〔明〕李时珍著、李叶主编《〈本草纲目〉彩色图鉴》，北京：北京联合出版公司，2014年，第139页。

南北朝时期，牡丹从野外走进了人们的庭院中，开始了人工栽培，那么牡丹也就从单纯的药用功能转变为园林艺术欣赏对象。一代画宗顾恺之善于捕捉生活中的美，他就把牡丹请进了《洛神赋图》中，与之一同来见证洛神的仙姿玉容。

以上介绍了牡丹的栽培历史，以及在魏晋以前的发展状况，那么《洛神赋图》诞生于一千六百多年前，它又是如何传承、保存到今天的呢？

扫码查看
☑ 配套插图
☑ 走近作者
☑ 趣话牡丹
☑ 牡丹文化

关于《洛神赋图》，直到今天还有许多未解之谜，比如这幅画的原作者究竟是不是顾恺之，目前学术界也存在质疑的声音。为什么呢？原因有三：

第一，作品上没有顾恺之的题字，作品后面也没有保存下来唐宋名家的题跋来作为佐证。

第二，查对距离顾恺之比较近的唐朝裴孝源的《贞观公私画史》和张彦远的《历代名画记》，这两本书都把《洛神赋图》的著作权归在了晋明帝司马绍的名下。《历代名画记》虽然也曾记录顾恺之画过《陈思王诗》，就是根据曹植的诗创作的一幅画，但并没指明这幅画就是《洛神赋图》。另外，北宋内府重要著作《宣和画谱》收录了顾恺之的《女史箴图》《斫琴图》《牧羊图》等九幅画作，其中不包含《洛神赋图》。

第三，南宋诗人王铚曾经得到过一幅《洛神赋图》的临摹本，他说：

> 近得顾恺之所画《洛神赋图》摹本，笔势高古，精彩飞动，与子建文章相表里，因赋一诗，书其后。❶

题诗的开头说：

> 曹公文武俱绝伦，传与陈王赋洛神。
> 高情寓托八荒外，曾是亲逢绝世人。
> 五官郎将莫轻怒，椒房自是袁家妇。
> 闻道生时覆玉衣，便是于今腰束素。
> 惊鸿翻然不重顾，射鹿深冤更凄楚。

❶

舒大刚主编、王铚著《宋集珍本丛刊·雪溪诗集》（第42册），北京：线装书局，2004年，第108页。

洛神永辉

翰墨天香：牡丹文化两千年

0
2
6

不将降虏赐周公，先识祸机杨德祖。

此意明明可自知，岂有神人来洛浦。

空用平生八斗才，七步那能说微步。

楚离日月常争光，湘夫人后夸高唐。

丹青画写鬼神趣，笔端调出返魂香。

妙画高文尽天艺，神理人心两无异。

此情万古恨茫茫，且为陈王说余意。❶

❶

同上书，第108—
109页。

这是目前我们能够看到的有关《洛神赋图》作者定义为顾恺之最早的资料。但是，王铚得到的只是一个摹本，更为遗憾的是，这件摹本以及王铚的题跋后来也全部遗失了，所以也没办法认定《洛神赋图》原作者是顾恺之。

直到宋末元初，学者王恽在审阅了元内府藏画以后，编写了《书画目录》一书，他在书中第一次将顾恺之与《洛神赋图》联系在一起，这也是目前能够看到的最早的文字记录。另外，元末的画家汤垕在《画鉴》中也沿袭了王恽的观点，认定《洛神赋图》的作者就是顾恺之。王恽和汤垕的书中仅仅做了一个简单的记录，并没有叙述这张画的传承关系。

从以上论点来看，《洛神赋图》画成一千年后，也就是到了元朝才和顾恺之联系到一起。到了明清，董其昌、梁清标等大鉴定家一致认同这个观点，所以再也没有人怀疑顾恺之的著作权问题了。

虽然历史上对这张画的作者有不同看法，但对这幅作品所创作的年代却意见一致，那就是《洛神赋图》诞生于东晋时期，尤其是"人大于山，水不容泛"的画法，是中国早期

南宋　佚名　摹顾恺之《洛神赋图》(第二卷)(辽宁省博物馆藏)

山水画的典型范式。更为难得的是，牡丹第一次以独立的艺术形象走进了绘画，走进了中国艺术史。

　　众所周知，《洛神赋图》原稿已经散失损毁，目前一共保留下来九件古代临摹作品，这些作品分散保存在全世界各大博物馆。比如，北京故宫博物院保存三件；辽宁省博物馆保存一件；台北故宫博物院保存了两件，其中一件是册页；美国华盛顿佛利尔博物馆保存两件；不列颠博物馆一件。美国佛利尔收藏的两件《洛神赋图》，一幅是彩墨，一幅是白描作品。

　　在这九件作品当中，有两件被公认创作年代较早且绘画

水平也最高，它们分别收藏在今天的北京故宫博物院和辽宁省博物馆。首先是辽宁省博物馆珍藏的《洛神赋图》，这件作品临摹于南宋高宗时期，高26厘米，长646厘米，比较忠实地保留了六朝时期母本绘画的面貌，遗憾的是画面损伤严重。这张画比较突出的一个特点是图文并茂，在每一段故事中都题写上相应的说明文字，就相当于今天的看图说话，让人对绘画的情节一目了然。

这件作品是乾隆皇帝的收藏，乾隆在画上留下多处题跋，在绘画的结尾处就有乾隆题写的"洛神赋第二卷"字样。那么有第二卷，肯定就存在第一卷，这第一卷今天就收藏在北

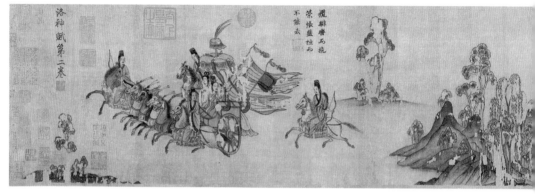

南宋　佚名　摹顾恺之《洛神赋图》（第二卷）（辽宁省博物馆藏）

京故宫博物院，也是我们现在重点介绍的这卷《洛神赋图》。

北京故宫博物院收藏的《洛神赋图》，宽27.1厘米，长572.8厘米，线条优美流畅，画面色彩艳丽，被认为在相当大的程度上保留了顾恺之绘画的真实面貌，也是传世《洛神赋图》早期摹本中品相最好的一件。这件作品用笔精细，画风和北宋著名画家李公麟非常近似，所以学术界一直认定这幅画完成于北宋时期。《洛神赋图》长卷中前后一共钤盖了152枚印章，最早的收藏印是金章宗留下来的。金章宗是我国少数民族建立的政权中少有的书画皇帝，他是北宋艺术家皇帝宋徽宗赵佶的忠实粉丝，书法是亦步亦趋地临摹宋徽宗的瘦

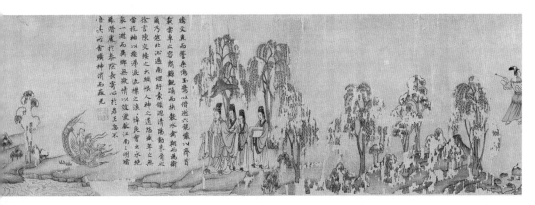

金体，甚至已经达到以假乱真的程度。比如，不列颠博物馆收藏的《女史箴图》上有一段瘦金体的题跋，在历史上曾经一度被认为是宋徽宗所题，其实真正的书写者是金章宗。

金章宗和宋徽宗还有一个共同的爱好，那就是痴迷于收藏历代珍贵书画。为了便于鉴定和收藏，宣和年间，宋徽宗专门让工匠刻制了七方鉴藏印章，史称"宣和七玺"。金章宗亦步亦趋，他做了皇帝后，也模仿宋徽宗刻了七方收藏印章，加盖在他的内府收藏品上。因为金章宗的第一个年号是"明昌"，所以后人就把这些印章称为"明昌七玺"。

在《洛神赋图》中，就先后加盖了"明昌""御府宝绘"

北宋　宋徽宗"宣和七玺"

金　金章宗在《洛神赋图》中加盖的四印

元　赵孟頫《洛神赋》（伪）

赵孟頫

"明昌御鉴"和"群玉中秘"四印，这四枚玉玺是故宫《洛神赋图》上留下的最早的收藏印章，也是这幅画创作于宋朝的有力证据之一。

　　在金章宗"群玉中秘"之后，有一件元朝书法家赵孟頫抄录的曹植《洛神赋》全文，现在学者们已认定这件书法是后世仿造的赝品。赵孟頫（1254—1322），字子昂，号松雪道人，浙江省湖州市人，元朝初期的著名书画家、诗人，在中国艺术史上是一位承前启后的人物。他的绘画创文人画一代新风；在书法上他也是承前启后式的人物，中国书法史上有著名的"颜柳欧赵"一说，这个"赵"就是指的赵孟頫。赵孟頫非常喜爱曹植的《洛神赋》，他曾经多次不厌其烦地抄录《洛神赋》全文，目前一共保存下来六件，分别保存在北京故宫博物院三件、天津博物馆一件、美国普林斯顿大学一件，另外一件保存在民间。其中《洛神赋图》所附带的这张书法就是临摹天津博物馆藏品的赝品。赵孟頫钟爱《洛神赋》，他的书法宗法东晋书圣王羲之、王献之父子；其实王献之早在一千多年前就创作过小楷《洛神赋》，被誉为"小楷极则"。王献之的《洛神赋》真迹早已不在人间了，据说南宋晚期，权相贾似道得到了王羲之《洛神赋》残本，就让巧匠把它摹刻在一块像玉一样的暗绿色的石头上，一共有十三行二百五十多个字，后人就把这件王羲之的小楷《洛神赋》称为"玉版十三行"。

除了赵孟頫书法以外，还有元朝李衎、虞集，明朝沈度、吴宽的题跋，经鉴定，都是后人的仿品。

清朝的乾隆皇帝堪称最为狂热的收藏家，他当皇帝的时候，内府藏品数量无与伦比。就在这个时期，多个版本的《洛神赋图》都进了乾隆内府，光《石渠宝笈初编》中就收录了至少三件。乾隆皇帝经过仔细鉴定甄别，认为现故宫博物院所藏这一卷临摹本水准最高，所以在这幅画上留下了至少二十一枚玉玺和七处亲笔题跋。他在引首专门写下"妙入毫颠"四个字，还把这一卷定为"洛神赋第一卷"。除此之外，他还命令大臣董诰、和珅和梁国治分

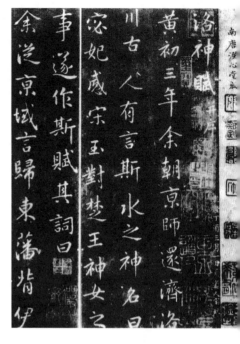

"玉版十三行"——王羲之小楷《洛神赋》（局部）

乾隆皇帝将北宋临摹本定位为"洛神赋第一卷"

别题跋。

民国时期，清朝逊帝溥仪把这卷《洛神赋图》偷盗出宫，后来流落到社会上。直到20世纪50年代，《洛神赋图》才重新回到北京故宫博物院。

曹植一生命运坎坷，郁郁不得志。公元232年，曹植抑郁而死，年仅四十岁，身后葬在了他的封地东阿鱼山（今山东省著名阿胶之乡东阿县）。千年岁月，随风而逝，当年的那些兄弟情仇早就烟消云散，曹植也一直在东阿大地安静地沉睡了一千七百多年。

1951年，曹植墓被盗。同年6月，时隶属平原省的东阿县联合省文物管理委员会，对曹植墓进行了抢救性发掘。据国家博物馆鉴定专家史树青先生在《鉴古一得》一书中介绍，当时曹植墓出土了陶器、玉器、玻璃器等文物一百多件，这批文物由平原省文管部门全部上交给了中国历史博物馆。曹植的尸骨则被留到当时平原省的省会新乡来保管。平原省成立于1949年，三年以后，平原省整个建制在匆忙之中撤销，

乾隆皇帝在《洛神赋图》（第一卷）北宋临摹本引首写下"妙入毫颠"

曹植的尸骨不知所终，至今下落不明。

在现存的古代绘画中，《洛神赋图》被一致认定为第一幅改编自文学作品的画作。一代才子曹植和他梦中情人甄妃的肉身早就消失在历史的长河中了，但是在顾恺之的笔下，他们的身姿依然顾盼神飞，熠熠生辉。

一千六百多年前，顾恺之在不经意间把牡丹移植到《洛神赋图》中，也揭开了牡丹走进中国艺术史的序幕，也就是从南北朝，从顾恺之的画笔开始，牡丹逐渐从药用功能转向了艺术欣赏。五百年以后的隋唐王朝，牡丹更是当仁不让走进了宫廷，成为万众瞩目的百花之王，也成为诗词、书法和绘画争相表达的绝对主角。那么，牡丹在唐朝的发展状况又是如何呢？

见此图标 微信扫码
领略牡丹千年文化艺术史！

贰
○

簪花仕女

顾恺之在《洛神赋图》中第一次给牡丹留下了美丽的倩影，这也是牡丹从药用到观赏、从野生到人工栽培的重要见证。

牡丹雍容华贵、富丽堂皇，顾恺之之后，越来越多的画家喜欢上了牡丹这个题材。比如在北齐的时候，就出现了一位专画牡丹的画家杨子华。唐人韦绚在《刘宾客嘉话录》中记载：

> 杨子华有画牡丹处，极分明。子华北齐人，则知牡丹花亦久矣。❶

杨子华擅画牡丹，是北齐宫廷御用画家。他的画技精湛，在当时甚至被尊称为"画圣"。杨子华是目前中国艺术史上有专门记载的把牡丹纳入绘画题材的第一人，遗憾的是，他的牡丹绘画作品没有一件能够流传下来，就连北宋大文豪苏东坡也赋诗慨叹："丹青欲写倾城色，世上今无杨子华。"

画家杨子华喜画牡丹，大诗人谢灵运也对牡丹情有独钟。422年，谢灵运出任永嘉太守，永嘉就是今天的浙江温州。谢灵运到任后，经常四处体察民情，他发现：

> 永嘉水际竹间多牡丹。

谢灵运看到的"水际竹间"有许多牡丹花，这个记载说明当时的牡丹早已从山野之间走出来。牡丹已经完成了独立的命名，人们不再把它和芍药混称了。

❶
上海古籍出版社编
《唐五代笔记小说
大观·刘宾客嘉话
录》，上海：上海古
籍出版社，2000
年，第800页。

谢灵运是东晋时期的著名诗人，他的主要成就在于山水诗，有人称他是"山水诗鼻祖"。而牡丹的栽培观赏从魏晋南北朝时期就已经开始了，距今至少已有一千六百多年的历史。到了隋朝，隋炀帝爱好奇花异石，他在东都洛阳专门开辟了西苑，搜集天下的名花异草。《海山记》曾记载：

> 隋帝辟地二百里为西苑，诏天下进花卉。易州进二十相牡丹，有赪红、鞓红、飞来红、袁家红、醉妃红、云红、天外红、一拂黄、软条黄、延安黄、先春红、颤风娇等名。❶

从这段记载可以了解，当时的河北易州进贡了二十箱名贵牡丹。由此来看，隋炀帝喜爱牡丹，皇家园林也已经开始大量种植培养牡丹了，这是历史上牡丹走进皇家御苑的第一次。遗憾的是隋朝是个短命王朝，前后才仅仅存在了三十七年。那么牡丹真正得到繁荣发展，还是到了大唐王朝天下一统的时候。为什么这样说呢？一是因为大唐王朝政治稳定，经济繁荣，文化昌盛。二是因为牡丹遇到赏识它的知音武则天。武则天十分喜爱牡丹，开始在皇宫花园大量种植培养牡丹花，还把老家的牡丹移植到长安。唐人舒元舆《牡丹赋》记载：

> 古人言花者，牡丹未尝与焉。盖遁乎深山，自幽而著。以为贵重所知，花则何遇焉？天后之乡，西河也，有众香精舍，下有牡丹，其花特异，天后叹上苑之有阙，因命移植焉。由此京国牡丹，日月寖盛。

❶ 学者郭绍林认为，《海山记》选自北宋刘斧的小说《青琐高议》，书中很多内容是艺术虚构，非历史真实，故"隋炀帝移栽牡丹洛阳西苑说"不可信。见郭绍林编著《历代牡丹谱录译注评析》，北京：社会科学文献出版社，2019 年，第 487 页。又见其：《关于洛阳牡丹来历的两则错误说法》，洛阳：《洛阳大学学报》1997 年第 1 期。还见其：《旧题唐代无名氏小说〈海山记〉著作年代及相关问题辨正》，洛阳：《洛阳师专学报》1998 年第 1 期。

古代人谈论名花，从未赞许过牡丹花，这是因为它隐藏在深山，独自幽静地开放，不被人们所知。武则天的家乡山西西河，就是今天的山西文水，有很多僧、道居住的房屋，那里生长有许多名贵奇异的牡丹花。武则天就颁旨把牡丹移栽到上林苑，从此京城的牡丹就一天天兴盛起来。

众所周知，唐朝是中国封建社会中最为辉煌的一个朝代。这个时期中国经济发达，政治稳定，国力强盛，中外文化交流十分活跃，那么在文化艺术上也出现了前所未有的繁荣。唐朝在中国绘画史上是最具有创造性的历史阶段，人物、山水画极其繁荣，花鸟画也开始自立门户，成为一个独立的画科。牡丹花大色艳，品种众多，是花鸟画家喜欢表现的题材。牡丹绘画始于东晋，兴于大唐，因为唐朝宫廷重视牡丹，一些文人、士大夫也都积极地加入品赏活动中来，牡丹逐渐成为花鸟画家们非常钟爱的题材。

在唐代就产生了像边鸾、滕昌佑等一批著名的折枝牡丹画家，尤其是边鸾，他是一位画牡丹的丹青高手，折枝工笔设色花鸟画的创始人。据历史记载，边鸾曾为宝应寺创作大幅壁画《牡丹》，还在资圣寺宝塔上画四面花鸟，其花鸟画技法超越前人，极一时之盛，把唐代花鸟画提高到一个新水平。作为一代大家，边鸾采用独具一格的工笔重彩法创造他的花鸟画艺术，被美术史家奉为花鸟画之祖，对后世花鸟画创作影响很大。因为各种原因，美术史上记载的这些画家的真迹牡丹图早就荡然无存了，今天我们能够看到的最早有关唐代牡丹题材的绘画，就是传世国宝《簪花仕女图》了。要了解

《簪花仕女图》，就必须先了解这张画的作者周昉。

　　在唐朝，人物画创作最为繁盛，这个时期产生了许多大师级的人物，比如阎立本、吴道子、张萱和周昉，都是冠绝一时的艺术大师。

　　阎立本出身贵族，生活在初唐，曾官至宰相，擅长丹青，现在还保存下来《历代帝王图卷》《萧翼赚兰亭图》《步辇图》等名作。

　　吴道子是生活在盛唐的著名画家，画史尊称他为"画圣"。他独创了著名的"兰叶描"画法，所以吴道子画人物，笔势圆转，衣服的飘带就像迎风飘扬一样，后人称他这种风格为"吴带当风"。在当时，吴道子的绘画作品炙手可热，他的作品也成为画师们争相学习的模板，被尊称为"吴家样"。传世的代表作有徐悲鸿收藏的《八十七神仙卷》。

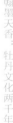

唐　周昉《簪花仕女图》(辽宁省博物馆藏)

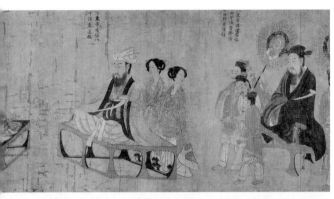

唐　阎立本《历代帝王图卷》

唐　阎立本《萧翼赚兰亭图》

唐　阎立本《步辇图》

唐　吴道子《八十七神仙卷》(徐悲鸿纪念馆藏)

盛唐以后，画坛上出现了新的画法，就是"绮罗人物"画法。那么什么是"绮罗人物"画法呢？它主要是以贵族妇女、贵公子等为主要题材。所画的人物特点就是"曲眉丰颊，体态肥胖"，非常受上层社会的喜爱。画家张萱就是"绮罗人物"画法的代表艺术家，遗憾的是张萱没有真迹传世，流传下来的画作只有北宋宋徽宗临摹的《虢国夫人游春图》和《捣练图》两幅画。"绮罗人物"画法除了张萱以外，另一位代表性的人物就是周昉了。

周昉是长安人，主要生活在唐朝的中晚期，他最初学习绘画就是从学习张萱的画法开始的。

周昉是中唐时期继吴道子之后重要的人物画家，擅画佛像、人物，早年效仿张萱，后来加以变化，独创一体。在佛教题材中，著名的"水月观音"像就是由周昉创造的。在人物绘画上，周昉也取得了巨大的成就，尤其擅长刻画贵族妇女，他画的人物容貌端庄，色彩浓丽，最显著的特征就是体态丰肥，因为唐朝的主流审美就是以丰腴为美，有人说周昉

北宋　赵佶　摹张萱《虢国夫人游春图》

天水摹張萱虢國夫人遊春圖

貳　簪花仕女

049

的人物画就是大唐的颜值担当。

在绘画上，周昉不仅刻苦学习前辈大师的经典画法，而且善于虚心听取普通民众的意见，据郭若虚的《图画见闻志》记载，有一年，唐德宗修长安章敬寺，让周昉来给寺庙画神像。周昉作画的时候，寺庙大门敞开，无论达官贵人，还是贩夫走卒，都可以进来围观。大家七嘴八舌，有人夸奖说画得好，有人说画得不好，还有人当面指出毛病来。面对所有的意见和建议，周昉都虚心接受，而且还把有益的建议总结起来，对画像进行修改。一个多月后，画像完成，大家都赞叹周昉把这些人物画得出神入化。

关于周昉的人物画创作，《太平广记》记载了一段故事，说唐朝中兴大臣郭子仪的姑爷侍郎赵纵，曾经邀请画家韩幹画

北宋　赵佶　摹张萱《捣练图》

了一幅画像，大家都称赞画得好。韩幹是当时著名画家，比如流传到今天的国宝级绘画《照夜白图》就是韩幹的作品。后来，周昉又给赵纵画了一张画像。对于这张像，赵纵的岳父郭子仪认为画得惟妙惟肖，两幅画像很难评定出优劣来。有一次，他就让女儿来评判这两张画的好坏。赵夫人回答："两幅画像都很像。但是，后一幅最好。"郭子仪又问："为什么这样说呢?"赵夫人说："前一幅画像只画出了赵郎的容貌，后一幅却把神态、表情甚至说笑的姿态都画出来了。"这后一幅画像恰恰就是周昉的作品。

由上面两个故事来看，周昉不仅画技高超，而

唐　韩幹《照夜白图》（美国大都会艺术博物馆藏）

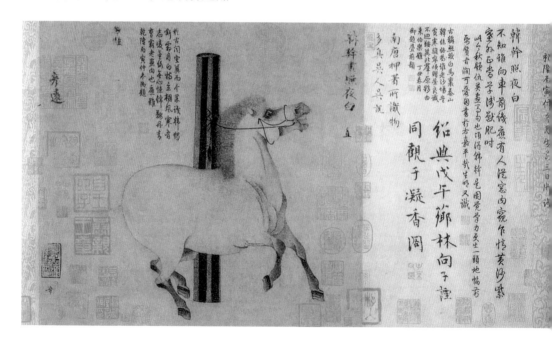

且他的绘画艺术还建立在大众审美基础之上，拥有深厚的群众基础，就是今天常说的雅俗共赏。所以后人就把周昉的人物仕女画和佛像画的造型尊称为"周家样"，与北齐曹仲达创造的"曹家样"、南朝梁张僧繇创造的"张家样"和吴道子创造的"吴家样"并立，合称为"四家样"。"四家样"是中国古代人物画较早具有画派性质的样式，是后世画家推崇学习的楷模。同时，周昉的"周家样"的艺术影响早在唐代就已经走出国门，周昉也成为最早具有国际影响的艺术家。据朱景玄《唐朝名画录》记载，在贞元末年，新罗国就有人在江淮一带出高价收购周昉的人物画。周昉的画还通过朝鲜半岛传播到日本，日本的艺术家争相学习模仿"周家样"，直到今天，日本的仕女画还保留着周昉画作的样貌。

周昉虽然身居高位，公务繁忙，但他作画却非常勤奋，留下了许多精美的作品。直到北宋时期，据《宣和画谱》记载，宋徽宗还收藏了周昉七十二幅画。遗憾的是，今天仅仅保留下来三件画作。下面我们就来欣赏这三件作品：

一、《挥扇仕女图》卷，现藏北京故宫博物院。主要记录了宫廷贵妇们在盛夏纳凉、观绣、整理妆容等一些生活情景。

二、《调琴啜茗图》卷，现藏美国纳尔逊美术馆。横75.3厘米，高28厘米。描绘了唐代仕女弹古琴、饮茶的生活情景。图中共有五位仕女，画的重点表现一位橙衣仕女坐在园中树边石凳上弹古琴，旁边仕女端茶托恭候的情景。

三、《簪花仕女图》卷，现藏辽宁省博物馆。《簪花仕女图》为绢本设色长卷，纵46厘米，横180厘米。这幅画用工笔

唐　周昉《挥扇仕女图》卷（北京故宫博物院藏）

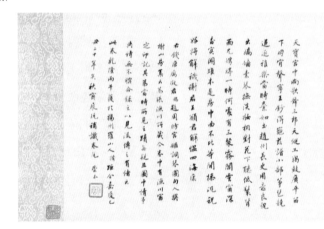

唐　周昉《调琴啜茗图》卷（美国纳尔逊美术馆藏）

重彩的手法，描写了贵族妇女闲适安逸而又寂寞无聊的宫廷生活，整幅画人物线条简劲有力，设色艳丽却又毫无庸俗之感。画中一共出现了六个人物，其中五位贵妇，一位侍女，还有两只小狗，一只白鹤。显然，这些小动物都是宫中贵妇们的宠物。描写的虽然是贵妇们的生活片段，却极富生活情趣。我们打开长卷，这幅画主要表现的是贵妇们戏犬、采花、漫步、弄蝶四个段落，反映的是从初春到初夏近两个月之间宫廷贵妇赏花的情景。

画中，右首第一位贵族妇女，头上戴着一大朵正在盛开的牡丹花，侧身右倾，左手拿着一把拂尘在引逗小狗。第二位贵妇身上披着浅色的纱衫，头上插着蔷薇花，穿着朱红色长裙，搭配着紫色帔子。她的右手举起，轻轻地提着纱衫裙的领子。第三位是手执团扇的侍女，她衣着朴素，神情安详深沉，恭敬地站立在一侧。第四位女子发髻插着一朵荷花，身上披着白格纱衫，右手捏着一朵刚刚摘下来的石榴花，正在凝神观赏。第五位贵妇穿着朱红色的披风，脖子上戴着金项圈，头上插着一朵盛开的海棠，仿佛正从远处款款走来。最左边的一位贵妇身材窈窕婀娜，站立在一块太湖石的旁边，发髻上插着一朵盛开的芍药，身边的辛夷花正在怒放。她右手轻柔地举着一只刚刚捉来的蝴蝶，低首回望着仙鹤和小狗，好像不忍心看着春天消失一样。

周昉的伟大之处在于他除了拥有高超的绘画技

巧，还很好地继承了顾恺之的"迁想妙得""以形写神"的艺术主张。在刻画人物的时候，他不但善于描写人物的外表，而且十分重视人物内心世界的表达。他通过眼神、姿态来表达所描写人物内心的思想感情。《簪花仕女图》就是这样的一张绘画，这些宫廷贵妇，穿着光鲜亮丽的服装，过着养尊处优的生活，但是后宫佳丽三千，能得到君王宠爱的又有几个人呢？她们长期居住在深宫，就像画面中艳丽的花朵一样，只能在寂寞中自开自落，周昉就紧紧抓住"寂寞"这一点，《簪花仕女图》富丽堂皇的画面下映衬的也正是这些贵妇寂寞空虚的心境。

《簪花仕女图》分图

《簪花仕女图》记录了唐代长安宫苑从初春到盛夏的美好时光，画中出现了牡丹、芍药、海棠、石榴、荷花、蔷薇和辛夷花等多种花卉，尤其是牡丹，在画中至少出现了三次。

周昉是人物画家，他并不擅长花鸟，在《簪花仕女图》中牡丹以特别醒目的方式出现。除了第一位贵夫人头上醒目的牡丹花以外，第二位贵妇身上所穿的长裙上也布满了由两朵反向牡丹成旋转状态组成的"喜相逢"团花图案。画中这位仕女，她手拿一柄长扇，扇子上画着一朵正在怒放的折枝牡丹花。牡丹的写意性已经非常浓厚，这说明在唐朝时牡丹写意画法已经相当成熟了。学术界有一个观点——"书画征史"，就是说，一件书画作品所描绘记录的事物，也是对当时历史的一个直观反映。《簪花仕女图》所记录的妇女簪花、长裙上的"喜相逢"团花牡丹，以及折枝牡丹团扇，都是牡丹文化在唐朝发展历史的最好呈现。

唐朝建立于618年，经过三十多年的稳定发展，到了唐高宗时期，政治相对稳定，经济超前繁荣，大唐王朝开始出现欣欣向荣的景象。牡丹花吉祥富贵，是繁荣昌盛的象征，所以深受统治阶层的喜爱，这个时期，牡丹已经走进皇宫，成为最受欢迎的名花。据柳宗元《龙城录》记载：

> 高皇帝御群臣，赋《宴赏双头牡丹》诗，惟上官昭容一联为绝丽，所谓"势如连璧友，心若臭兰人"者。❶

武则天喜爱牡丹，她曾把家乡山西的牡丹移植到后宫园林悉心栽培，果然培育出了十分罕见的品种——双头并蒂牡

❶
上海古籍出版社编《唐五代笔记小说大观·龙城录》，上海：上海古籍出版社，2000年，第148页。

丹。唐高宗时期，武则天是皇后，高宗李治对她非常宠爱，为了观赏这棵双头牡丹，他们邀请群臣在后宫举行了一场声势浩大的雅集。唐高宗乘兴赋诗，上官昭容即上官婉儿也写下了"势如连璧友，心若臭兰人"的诗句，暗中赞美皇帝和武则天就像这双头牡丹一样是"连璧友"，赞美武则天就像兰花一样典雅高洁，这句诗一语双关，深受高宗和武则天的赞赏。这看似一场普通的宫廷雅集，其实意义非常重大，因为这场雅集标志着持续一千多年的牡丹审美活动拉开了序幕。

就在这次赏花活动几十年以后，大唐后宫花园又发生了一次震动古今文化史的"牡丹事件"。

据李濬《松窗杂录》记载，开元年间，后宫花园沉香亭畔的四色牡丹盛开了，唐玄宗与杨贵妃一起来赏花。著名歌手李龟年领着一班子弟准备奏乐歌唱。唐玄宗对李龟年说：我和贵妃观赏名花，怎么能老唱旧歌呢？早听烦了。这样吧，你赶快把翰林待诏李白找来谱写新词。

李龟年赶快跑到长安大街上去寻找，当时李白正和几个好友在酒楼畅饮，已经喝得酩酊大醉。李龟年赶快用冷水激醒他，半醉半醒的李白拿起笔来写成《清平调》三首：

（一）

云想衣裳花想容，春风拂槛露华浓。

若非群玉山头见，会向瑶台月下逢。

（二）

一枝红艳露凝香，云雨巫山枉断肠。

借问汉宫谁得似，可怜飞燕倚新妆。

（三）

名花倾国两相欢，长得君王带笑看。

解释春风无限恨，沉香亭北倚栏干。

这三首诗把牡丹和杨贵妃交互在一起写，人即是花，花即是人，人与花都倾国倾城，人面花色相互交融，这三首诗也就成为了吟诵牡丹的千古绝唱。

自初唐牡丹被成功引种进御花园后，由于武则天、唐玄宗、杨贵妃和大诗人李白等人相继为牡丹代言，到了开元时期，牡丹已从百花丛中脱颖而出，成为万众瞩目的天下名花。诗人们更是用尽了赞美之词，比如，刘禹锡写下了"唯有牡丹真国色，花开时节动京城"，李正封写下了"天香夜染衣，国色朝酣酒"，把国色天香这个桂冠直接赠送给了牡丹。白居易的诗"花开花落二十日，一城之人皆若狂"，真实反映了牡丹深受社会各个阶层喜爱的真实状况。可以说，到了唐朝，历史上从来没有任何一种花卉像牡丹一样受到如此的重视和欢迎。在当时，可以说上至帝王将相、文人士大夫，下到普通百姓都对牡丹怀有一份特殊的情怀。正因为这样，牡丹也就成了和政治兴衰、天下治乱关系最为密切的一种花卉。安史之乱是大唐王朝兴衰的分水岭，到了唐僖宗时期，政治黑暗，民不聊生。据说当时著名诗人皮日休的一首咏牡丹诗，竟然成了预示唐王朝即将走向灭亡的一曲挽歌。这是一首什么样的诗呢？

落尽残红始吐芳，佳名唤作百花王。

竞夸天下无双艳，独立人间第一香。

——唐·皮日休《牡丹》

皮日休的这首牡丹诗脍炙人口，传唱千年。表面上看，他是在赞扬牡丹的坚强个性，夸奖它敢于在春末一花独放、花中称王的大无畏精神。其实有的学者认为这首诗暗藏玄机，皮日休真正要赞美的不是牡丹，而是借牡丹来歌颂唐末农民起义领袖黄巢。为什么这样说呢？

皮日休出身贫寒，同情人民大众，痛恨晚唐政治的腐朽堕落。唐僖宗乾符五年（878年），曹州人黄巢在冤句（今属山东菏泽）发动农民起义，皮日休响应号召，追随黄巢，参加了起义军。881年，黄巢攻入长安称帝，皮日休被任命为翰林学士。这个时候，黄巢的名声已达到了顶峰。皮日休的这首《牡丹》诗，就是在赞美黄巢敢于推翻黑暗统治、称王天下的气魄。黄巢起义敲响了大唐王朝的丧钟，唐王朝就像牡丹枝头的残红一样，风雨飘摇，即将走到尽头，皮日休笔下的《牡丹》就成了大唐历史兴亡的见证。

周昉的《簪花仕女图》记录了牡丹在唐朝的繁盛，被誉为唐代人物画艺术的巅峰，也是一个艺术极盛时代的最好见证。那么这幅产生于一千多年前的国宝又是如何保存到今天的呢？

扫码查看
☑ 配套插图
☑ 走近作者
☑ 趣话牡丹
☑ 牡丹文化

据南宋皇家图书《中兴馆阁画录》记载，当时内府收藏多件周昉书画真迹，《簪花仕女图》上就钤盖有绍兴内府的"绍""兴"连珠印，所以这张画曾经是宋高宗赵构的收藏品。南宋末年，《簪花仕女图》又流传到奸相贾似道手中，画上的"悦生"朱文葫芦印就是贾似道的收藏印章。不过遗憾的是，《簪花仕女图》在元朝和明朝两个朝代的传承是一片空白，在这近四百年间，这张画就像人间蒸发一样，既没有留下文献记载，画上也没有留下任何收藏印章。《簪花仕女图》再次现身已经到了清朝初年，当时河北籍的著名收藏家梁清标得到此画。梁清标号蕉林，所以他在画上留下了一枚"蕉林"的朱文印，遗憾的是这位著名的鉴定家并没有留下任何文字题跋和鉴定意见。梁清标以后，《簪花仕女图》被收藏家安岐得到。安岐特别重视这幅作品，他在画上至少留下"安仪周""麓村""思原堂"等七枚印章。而且经过一番仔细考证，他在著作《墨缘汇观》中明确说明《簪花仕女图》的作者就是唐朝的周昉。

安岐去世后，他的大部分收藏都进了乾隆内府，画上我们可以看到乾隆收藏印玺八枚。根据《石渠宝笈续编》记录，乾隆内府一共收藏了十一件署名周昉的作品，这件《簪花仕女图》也沿袭了安岐的鉴定意见，作者署名为周昉。古语说，一入宫门深似海，《簪花仕女图》自从乾隆时期进入皇宫，也一直处于藏在深宫人未识的状态。乾隆是收藏鉴赏的大家，几

南宋内府"绍""兴"连珠印

贾似道"悦生"朱文葫芦印

梁清标"蕉林"朱文印

安岐收藏的印章

宣统收藏的印章

子嘉庆秉承了他的爱好，完成了艺术鉴藏史上的巨著《石渠宝笈续编》，他也在《簪花仕女图》上钤盖了"嘉庆御览之宝"的印章。嘉庆之后，他的子孙们就再也没有遗传这个雅好，当时国力衰弱、内忧外患，皇帝们每天为国事忙得焦头烂额，哪还有闲情雅致来鉴赏书画呢。在《簪花仕女图》的卷尾，有"宣统御览之宝""宣统鉴赏""无逸斋精鉴玺"等印，这是清朝最后一个皇帝宣统皇帝溥仪的收藏印玺。这些印章大都是在清朝灭亡后钤盖的。溥仪在这件国宝上钤盖了如此多的收藏印章，是他真的喜爱书画鉴赏吗？答案是否定的，因为溥仪的出发点是想弄清楚清宫收藏的家底，以方便偷盗出宫，继续维持其骄奢淫逸的贵族生活。果然，从1922年到1924年，不到两年的时间里，溥仪以赏赐二弟溥杰为名义，将故宫收藏的历代珍贵图书典籍、书法绘画偷运出故宫，据书画鉴定家杨仁恺先生统计，溥仪光盗出书画就有一千三百三十一件，这其中就包括周昉的《簪花仕女图》。

1924年11月5日，溥仪被冯玉祥赶出了故宫，随后，《簪花仕女图》也被溥仪带到天津张园寓所。1936年6月，又被带往长春伪满洲国，存放在伪皇宫一座小白楼内。1945年8月，日本战败，伪满洲国也立即土崩瓦解。8月10日，日本决定把伪满洲国迁往通化。8月11日午夜，溥仪带领家眷乘火车逃往通化，逃跑的时候从小白楼内选出包括《簪花仕女图》在内的一百二十件顶级书画带走。8月15日，日本宣布投降，三天后，溥仪在日本人的摆布要挟下在通化临江县大栗子沟宣布"退位"，伪满洲国也立刻树倒猢狲散。17日，溥仪准备乘飞机逃往日本，在沈阳机场被苏联军队逮捕。他随身携带的国宝书画都被抗日联军截获，移交给东北银行代为保管。

1950年，东北银行将这批文物移交给东北博物馆，经过了一年多惊心动魄的颠簸，包括《簪花仕女图》在内的多件书画国宝才重新回到人民的怀抱。需要说明的是，当时周昉的这幅画还没有"簪花"这两个字，还是沿袭《石渠宝笈续编》的旧称，叫《仕女图》。杨仁恺先生看到这幅画上的贵妇人，人人头簪鲜花，于是就把这张画重新命名为《簪花仕女图》。

书画鉴定家杨仁恺

书画鉴定家徐邦达

《簪花仕女图》被认为是唐朝唯一传世的人物画名作，但是也有学者对这幅画的创作年代和作者归属存在不同意见。总结起来，主要有四个方面的观点：

一、中唐周昉说。持这种观点的代表学者是辽宁省博物馆的著名书画鉴定家杨仁恺先生。

杨仁恺先生根据画中人物的装扮、牡丹花在长安地区的种植流行，以及周昉的绘画艺术特色，认为《簪花仕女图》就是周昉的传世真迹作品无疑。

二、中晚唐说。持这种观点的是北京故宫博物院的书画鉴定专家徐邦达先生。

徐邦达先生认为，这幅画画法自然生动，笔法拙朴，绢色质地气息也比较古老，不是来自临摹，应当是原创作品。他又从唐人着装的特点考察，认为《簪花仕女图》是一件创作于盛唐末期到中晚唐之间的作品，属于周昉画派，但不能肯定就是周昉的原作。

除此之外，徐邦达先生还有一个重要发现，1972年，《簪花仕女图》送到北京故宫博物院重新装裱，揭裱后，徐邦达先生发现这幅画竟然是由三幅直绢拼接而成，画心有好几处非常明显的裁切痕迹。徐邦达先生由此推断，这幅画原来不是手卷，应该是一套屏风，屏风一般由四扇或者六扇组成，在流传的过程中损毁了一部分，只剩下三块，后人就把几块残画拼接到一起，就成了今天这个手卷的样式。

三、五代南唐说。主要代表学者是著名书画鉴定家谢稚柳。

谢稚柳先生认为画中贵妇的发髻类型是南唐才出现的，

另外，画中辛夷花盛开，旁边的贵妇身穿单薄的纱衣，表现的就是南唐时期江南的景色，所以他认为这张画是南唐时期的作品。

四、北宋说。代表学者是原中国历史博物馆文物专家沈从文。

沈从文曾是著名作家，后来改行从事文物研究，研究方向是中国古代服装，他著有《中国历代服饰研究》一书。沈从文先生认为画中人物的服饰具有唐朝末年到北宋的着装风格，妇女头戴牡丹、芍药的簪花习俗是从北宋时期开始流行的，所以他认为《簪花仕女图》是宋朝画家根据唐朝遗留下来的一个旧画稿经过修补创作完成，贵妇人头上的鲜花是后来添加的，脖子上的项圈也是清朝画工添加上去的。

关于《簪花仕女图》的作者及创作年代虽然存在各种说法，但目前学界的主要声音还是认为它就是周昉的传世真迹。无论怎么争议，都不影响《簪花仕女图》是中国古代绘画史上一幅伟大的作品。

唐朝人赏牡丹、咏牡丹、画牡丹，光《全唐诗》流传到今天的牡丹诗词就有一百八十五首，但是留下来的重要的牡丹仕女代表画作只有这一幅——《簪花仕女图》。《簪花仕女图》真实反映了唐朝贵妇的生活状况，也记录了牡丹在唐朝的繁华和落寞。在接下来的五代和两宋，牡丹将再一次迎来艺术上的辉煌。

书画鉴定家谢稚柳

文物学家沈从文

叁
○

牡丹诗帖

　　北宋元符三年（1100年）正月，宋朝开国的第七位皇帝宋哲宗赵煦突然病逝，年仅二十三岁。由于哲宗没有子女，按照古代兄终弟及的继承原则，他的弟弟端王赵佶继承了皇位，这就是历史上著名的"书画皇帝"宋徽宗。

　　那么宋徽宗当上皇帝以后，表现怎么样呢？有一句评语是："诸事皆能，独不能为君耳！"就是说，宋徽宗这个人除了不能做皇帝，干别的任何事情都能够做得很好，都能出彩。赵佶当皇帝当得确实一塌糊涂，但是他在书法和绘画方面的确又是少有的天才和全才，甚至被称赞为中国艺术史上的一座高峰。宋徽宗酷爱绘画，尤其擅画花鸟画，亲自领导创立了花鸟画的"院体画派"。宋徽宗擅长书法，又自创了书法史上独一无二的字体"瘦金体"。总之，当时，宋徽宗对书画艺术的喜爱已经到了一种痴狂的程度。所以宋徽宗登基以后，基本不关心朝政，大部分时间消磨在了琴棋书画当中。除了痴迷书画艺术，他还搜罗普天下的奇花异草，把它们移植到御花园中，供自己欣赏写生。有一年谷雨前后，宋徽宗来到御花园赏花，他发现了一棵牡丹树，在一个枝干上竟然开了两朵不同颜色的花，一朵深红一朵浅红，十分罕见。其实连理牡丹就是花农把两个品种嫁接在同一个枝干上培育而成的，是新品种。这种牡丹成活率比较低，所以十分罕见。宋徽宗时代，科学还不发达，再加上徽宗本人十分迷信道教，

北宋　赵佶《瑞鹤图》（辽宁省博物馆藏）

对大自然不能解释的现象，就归功于上天赐下的祥瑞。比如，有一年皇宫的大殿上方，突然飞来一大群仙鹤，久久盘旋，不肯离去。宋徽宗认为这是难得的祥瑞，就亲自执笔，把当时的场景画了下来，这就是古代绘画史上著名的《瑞鹤图》。同样，这连理牡丹的盛开，在宋徽宗眼里也是上天的恩赐，是美好的象征。他难以抑制内心的激动，就当场赋诗，挥笔写下著名的《牡丹诗帖》。

> 牡丹一本，同干二花，其红深浅不同，名品实两种也。一曰叠罗红，一曰胜云红。艳丽

尊荣，皆冠一时之妙，造化密移如此，褒赏之余，因成口占：

> 异品殊葩共翠柯，嫩红拂拂醉金荷。
>
> 春罗几叠敷丹陛，云缕重萦浴绛河。
>
> 玉鉴和鸣鸾对舞，宝枝连理锦成窠。
>
> 东君造化胜前岁，吟绕清香故琢磨。

　　诗的前半部分是序文，说在牡丹的同一个枝干上，开出来的花却是两种。虽然都是红色，但红的深浅程度不一样，人们就根据牡丹花瓣不同的红，给它们命名为叠罗红和胜云红，这是尊贵雍容的牡丹名品，冠绝一时。

　　这首诗忠实记录了宋徽宗赏花时的心情，用词华美，虽然诗的格调一般，但是这件书法却非常珍贵，因为这是宋徽

北宋　赵佶《牡丹诗帖》（台北故宫博物院藏）

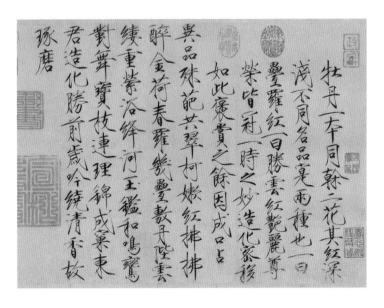

宗用自己的代表字体"瘦金体"书写而成。那么，什么是瘦金体呢？它又有什么特点呢？瘦金体是宋徽宗独创的一种字体，笔画细瘦如筋，没有一点赘肉，一开始这种字体被称为"瘦筋体"。又因为这种字的字形肖长，像一只只亭亭玉立的仙鹤，所以又叫"鹤体"。后人觉得这两种称呼都不太雅观，为了表示对宋徽宗御书的敬意，就又改称"瘦金书"了。这就是瘦金体书法的由来。

我们再来欣赏《牡丹诗帖》，这幅书法作品，用笔洒脱，布局疏密自然，笔势圆转流畅，撇如兰草，捺像竹叶，可以说是铁画银钩，锋芒毕现，充分表现出了瘦金书的婀娜之美。

宋徽宗的《牡丹诗帖》除了书法艺术精美绝伦之外，还拥有重要的植物学价值，为什么这样说呢？因为通过这首诗的记载，我们可以了解北宋时期的牡丹种植情况。当时的首都在汴京（今河南省开封市），《牡丹诗帖》告诉我们，在北宋时期开封就种植了大量的名贵牡丹。其实在当时，这种象征着富贵吉祥的花卉，不但被皇家看中，还已经深入民间，深受普通百姓的喜爱。比如孟元老在《东京梦华录》一书中就记述了汴京的花市盛况：

> 是月季春，万花烂熳，牡丹、芍药、棣棠、木香种种上市，卖花者以马头竹篮铺排，歌叫之声，清奇可听。
>
> ——孟元老《东京梦华录》❶

季春就是农历三月，这个季节万花烂漫。牡丹、芍药、海棠等都上市了，卖鲜花的人手提着竹篮，高声叫卖，声音

❶
〔宋〕孟元老撰、邓之诚注《东京梦华录注》，北京：中华书局，2017年，第200页。

清新洒脱，非常好听。

　　从这段文字可看出，牡丹排在第一位，这说明，当时在首都汴京的鲜花市场上，最受市民欢迎的花卉就是牡丹花了。其实在宋朝，牡丹种植最繁盛、品种最多的地方并不是在汴京开封，而是在西京洛阳。

见此图标　微信扫码

领略牡丹千年文化艺术史！

洛阳的牡丹花种植最早可以上追到隋朝。唐代的时候，由于武则天钟爱牡丹，她把家乡山西的牡丹移植到首都长安，使牡丹的种植得到迅速发展，那么长安也就成了当时的栽培中心，培育出了许多名贵的品种。文人士大夫也迅速加入鉴赏的队伍中来，牡丹迅速赢得了国色天香的美誉。到了北宋时期，政治中心整体东移，牡丹逐渐在洛阳繁盛起来。其实说到洛阳牡丹的兴起，这还是和武则天有关。当然，现在一说起武则天和洛阳牡丹，大家常常会想到武则天贬牡丹的故事。

武则天当上女皇帝以后，在天授二年（691年）的腊月初八，大雪纷飞，她在暖阁一边饮酒，一边赏雪赋诗。武则天突发奇想，想什么呢？她想这寒冬腊月如果百花盛开，那景象一定很美，于是她乘着酒兴醉笔写下了诏书，说明天一早要游览上林苑，让火速传诏给春神，命令百花一定要连夜开放。据说一夜之间，除了牡丹以外，所有的花都开了。武则天大怒，认为牡丹故意抗旨，一怒之下就把它贬到了东都洛阳。

这个故事制造了"抗旨"事件，借此来赞美了牡丹不畏强权的风骨，也刻画了武则天对牡丹的"迫害"。其实这和历史真相相去甚远，武则天完全是被冤枉的。因为天授元年（690年）九月，她已在洛阳称帝，宣布改唐为周，改东都为神都。也就是说，写这首诗的时候是天授二年，她本人就在洛阳，并不在长安，怎么又会把牡丹从长安贬到洛阳呢？这显然是一个"穿越"！

这个故事显然是一个近乎神话的传说，虽然查无实据，不过却事出有因。为什么这样说呢？《全唐诗》（卷三）曾收录了一首诗：

明朝游上苑，火急报春知。

花须连夜发，莫待晓风吹。

——唐·武则天《腊日宣诏幸上苑》**❶**

这首诗确实就是武则天原创，推测这是她醉酒后的一个戏作。后人，尤其是小说家，根据这首诗不断演绎想象，就编排出了武则天怒贬牡丹的故事。那么，贬牡丹的传说到底开始于什么时候呢？目前能够看到的最早文字记录出现在北宋时期，当时有一位学者高承，编写了一本《事物纪原》，这本书记录了许多传奇故事，里面就有一条说：

武后冬月游后苑，花俱开而牡丹独迟，遂贬于洛阳。故今言牡丹者，以西洛为冠首。**❷**

西洛指的就是河南洛阳，因为当时洛阳被北宋设为陪都，洛阳地理位置处于开封以西，所以就称为西洛。高承应该是在武则天《腊日宣诏幸上苑》的基础上，又参照当时的民间传说，编排出了武则天怒贬牡丹的故事。目前来看，《事物纪原》应该就是武则天贬牡丹这个故事的源头了。

到了明朝，小说家冯梦龙根据这首诗演绎想象，用浪漫主义的手法，写成《灌园叟晚逢仙女》。在小说中，冯梦龙在《事物纪原》的基础之上，又添加了几个人物，使贬牡丹的神话传说变得更加丰满了。明末清初，小说家李汝珍又把这个故事添枝加叶，重新编排，写成了长达一百回的长篇小说《镜花缘》。在这部小说中，百花屈服于武则天的威权，被迫开放，只有牡丹傲然挺立，拒不开花。虽然牡丹最终还是屈服于武则天的威权，被迫开放，但武则天认为：

> 今开在群花之后，明系玩误。本应尽绝其种。姑念素列药品，尚属有用之材，著贬去洛阳。

武则天大怒，把牡丹贬到洛阳，牡丹从此在洛阳扎下了根，没想到，花开得更艳。《镜花缘》是一部著名的白话小说，深受普通百姓的喜爱，从此武则天贬牡丹的故事变得家喻户晓。不过在现实当中，武则天不但对牡丹没有敌意，相反，她还十分喜爱牡丹花。

在唐朝，洛阳经济发达，地理位置重要，唐高宗显庆二年（657年），洛阳被封为东都。690年，武则天称帝，封东都洛阳为神都，从此以后，她经常巡幸洛阳，后来甚至常住洛阳。女人大都爱花，武则天也不例外。她除了在长安上林苑培育牡丹以外，还让人在洛阳大量栽种牡丹，这给牡丹在洛阳的繁荣和发展奠定了重要的基础。

到了宋代，设洛阳为西京，很多高官和贵族都在洛阳修建住宅和私家园林，园林兴盛，当然就要栽种大批的奇花异木，那么在当时，最受欢迎的花卉就数牡丹了。

根据史料记载，洛阳的牡丹始于隋朝，发展于唐，全盛于宋。由于牡丹种植历史悠久，洛阳观赏牡丹的风气日盛，民间开始出现了专门培育牡丹的花匠，宋单父就是其中的杰出代表。宋单父擅长栽培牡丹，技艺高超，声名远扬。据柳宗元《龙城录》记载：

　　洛人宋单父，字仲孺，善吟诗，亦能种艺术，凡牡丹变异千种，红白斗色，人亦不能知其术。上皇召至骊山，植花万本，色样各不同，赐金千余两。内人皆呼为"花师"，亦幻世之绝艺也。❶

　　洛阳人宋单父好诗词，不但拥有较高的文学修养，而且还擅长种植奇花异草，据说他掌握多种园艺技能，尤其是擅长培育牡丹，曾经培育出很多新品种。这些牡丹红白相间，争奇斗艳，在当时绝对称得上是一个奇迹。唐玄宗听说洛阳有这么一个奇人，就专门请他到骊山管理牡丹园。宋单父在骊山上精心培育的上万株牡丹千颜万色，品种繁多。因为宋单父栽培牡丹有功，唐玄宗特意奖赏黄金千余两，宫里的人都尊称他为一代"花师"。

　　宋单父是唐代著名的牡丹栽培专家，他为牡丹的培育和发展作出了很大的贡献，是世界上最早留下姓名的园艺大师。正是因为洛阳拥有深厚的牡丹栽培历史和人文积淀，所以到了北宋，洛阳就成为牡丹的栽培中心。那么洛阳牡丹到底有多繁盛呢？幸运的是，这个时期，一位文人来到洛阳，他在一本书中十分详细地记录下了洛阳牡丹的栽培盛况。这位文人是谁呢？他就是北宋的文坛盟主欧阳修。欧阳修为什么来到洛阳？他到底写了一本什么样的专著呢？

　　天圣八年（1030年），欧阳修考中进士。他人生中的第一

❶
关于《龙城录》一书的作者，宋人张邦基认为是伪托之作，他在《燕翼诒谋录 墨庄漫录》卷二记载："近时传一书曰《龙城录》，云柳子厚所作。非也，乃王铚性之伪为之。其梅花鬼事，盖迁就东坡诗'月黑林间逢缟袂'及'月落参横'之句耳。又作《云仙散录》，尤为怪诞，殊误后之学者。又有李歜注杜甫诗及注东坡诗事，皆王性之一手，殊可骇笑，有识者当自知之。"参见〔宋〕王栋、张邦基撰《燕翼诒谋录 墨庄漫录》，上海：上海古籍出版社，2012年，第82页。

个职场就是到洛阳担任留守推官。欧阳修在洛阳工作了四年，对洛阳的一草一木都了然于胸，尤其是洛阳牡丹的繁盛，给他留下了终生记忆。

欧阳修在洛阳遍游牡丹名园，处处留心牡丹的情况。景祐四年（1037年），他把在洛阳见到的牡丹品种，以及花农如何种花、赏花、贡花的习俗总结起来，写成了《洛阳牡丹记》一书。全书包括《花品序》《花释名》《风俗记》三篇。书中详细介绍了包括魏紫、姚黄等牡丹名品二十四种。欧阳修用优美的文笔，不厌其烦地对牡丹的名称、来历以及新旧品种的变迁做了十分详细的交代，所以《洛阳牡丹记》被誉为中国牡丹栽培史上第一部系统记载牡丹品种流传和栽培管理的专著，在植物学和文学史上都拥有重要的价值。

欧阳修喜爱牡丹，他离开洛阳多年以后，还骄傲地宣称自己"曾是洛阳花下客"，可见他对洛阳牡丹感情之深。欧阳修官居宰相，又是北宋的文坛领袖，弟子门生众多，比如王安石、曾巩、司马光、苏轼、苏辙等这些在中国历史上熠熠生辉的名字都是他的门生故旧。也许是受欧阳修的影响，他们都与牡丹结下了不解之缘。王安石、曾巩爱牡丹，有多首牡丹诗词传世。司马光是著名的历史学家，因为反对王安石变法，熙宁四年（1071年），司马光退出政坛，隐居洛阳。也正是仕途的不顺，让司马光与牡丹结下了深厚的缘分。隐居洛阳以后，他买

司马光像

了二十亩土地营建"独乐园"，他把独乐园看作是自己的桃花源，其中特意开辟了牡丹园，院中种植了各种名贵牡丹花。每当谷雨前后，他盛邀好友来园中赏花，像当时的名士文彦博、富弼、邵雍、程颢和程颐兄弟等都曾经来独乐园做客。好友光临，共赏名花，吟诗填词，这大概是司马光隐居洛阳期间最高兴的事。司马光在洛阳期间也写下了很多吟颂牡丹的诗。

洛阳春日最繁华，红绿阴中十万家。

谁道群花如锦绣，人将锦绣学群花。

——宋·司马光《看花四绝句·其二》

司马光在独乐园隐居长达十五年，与牡丹结下了不解之缘，可以说洛阳牡丹慰藉了司马光落寞的心灵，在牡丹的花开花落之中，他历经千辛万苦，终于完成了《资治通鉴》这部史学巨著。元丰八年（1085年），宋神宗病逝，年仅八岁的哲宗即位，朝廷起用司马光为副宰相，司马光离开西京，从此洛阳牡丹也就成了他永久的牵挂。

一代文豪苏东坡是欧阳修最得意的弟子，和老师相比，苏东坡对牡丹的喜爱有过之而无不及。苏东坡一生写了无数的咏牡丹诗词，最著名的一首如下：

人老簪花不自羞，花应羞上老人头。

醉归扶路人应笑，十里珠帘半上钩。

——宋·苏东坡《吉祥寺赏牡丹》

那么这首诗表达的究竟是什么意思？诗的背后又讲述了一段什么样的故事呢？这还要从苏东坡第一次到杭州工作说起。

宋熙宁四年五月，三十四岁的苏东坡第一次来到草长莺飞的杭州，出任杭州通判。通判这个职务，大概相当于今天的副市长。苏轼和杭州太守沈立关系处得非常好。熙宁五年的春天，杭州吉祥寺的牡丹盛开了，东坡就陪着沈太守一起到吉祥寺观赏牡丹。

吉祥寺是宋代杭州的一座著名寺院，寺中种植的牡丹多达上千棵，有好几百个品种。每年花开的时候，杭州都举行牡丹花会，市民集会赏花，饮酒助兴。据说在花会现场，连一向不喝酒的人都畅怀大饮，人人喝得酩酊大醉。上面这首诗就描写了苏东坡与太守沈立参加杭州吉祥寺牡丹节时的热闹场面，当时参会的人员，上至太守，下到普通工作人员，市民百姓更是不分男女老幼，大家都满头插着牡丹花，一起游行狂欢，围观者达数万人，集会场面可谓盛大热烈。苏东坡写的《吉祥寺赏牡丹》这首诗，就是对牡丹花会的真实记录。

诗的第一、二句，"人老簪花不自羞，花应羞上老人头"。这里连用了两个"羞"字，一个是写人，一个是说花，不知道是人羞花，还是花羞人，总之，人与花相映成趣，读起来意味无穷。

第三、四两句是写苏东坡喝醉酒回来的路上，遇到路人围观耻笑的场景。这里诗人借用了杜牧之诗："春风十里扬州路，卷上珠帘总不如。"这两句诗表面上看是写醉酒簪花，其实作者是在暗中赞美牡丹，但是苏东坡却没有借用任何华美的语言来直接赞扬牡丹，只是巧妙地用了一个"醉"字，就写出了牡丹花的婀娜脱俗。为什么这样说呢？因为只有花开得异常美丽，惹得作者心花怒放，所以饮酒助兴，才喝得酩酊大醉呀。大家可以想象一下当时的画面：苏东坡喝得醉眼蒙眬，头上插满了一朵朵娇艳欲滴的牡丹花，一路上磕磕绊绊，东倒西歪。大家听说苏东坡喝醉了，十里长街的珠帘一半都挑起来了，引得满城轰动，老百姓纷纷走出家门，争相围观，都来观看醉态百出的苏东坡，大街上是欢声笑语一片。

这首诗用词夸张，语气幽默诙谐。苏东坡用白描的手法，记述了九百多年前一次观赏牡丹的活动。既写出了苏东坡不拘小节、风流倜傥的个性，又从侧面彰显了他心念老百姓、与民同乐的朴素的政治情怀。

苏东坡不但喜爱赏牡丹、咏牡丹，而且他还喜欢吃牡丹。苏东坡是著名的美食家，他一生"身行万里半天下"，无论是在做官还是在贬谪流放的途中，都忘不了研发美食。比如，在黄州发明了东坡肉，在杭州发明了东坡肘子、东坡饼等。关于牡丹花瓣的吃法，苏东坡也别出心裁，用牡丹花制作成酥饼，据说清香可口，美味无穷。具体做法是，把牡丹花瓣勾上薄薄的荧粉，一片片用酥油煎炸，当作赏春的应景美食。这就是著名的"东坡酥"。

牡丹花含有丰富的营养价值，而且入口清香、淡雅，深受文人雅士的喜爱。据史料记载，牡丹花瓣的食用从五代时候就开始了。宋代的祝穆在《古今事文类聚》一书中就记录了"酥煎牡丹"的一个逸闻：

> 孟蜀时礼部尚书李昊，每将牡丹花数枝分遗朋友，以兴平酥同赠。且曰："候花凋谢，即以酥煎食之，无弃浓艳"，其风流贵重如此。❶

❶
〔宋〕祝穆：《古今事文类聚》（后集·卷三十），http://ab.newdu.com/book/s164620.html，查询时间：2024.3.12。

传说每年牡丹花盛开的时候，五代西蜀的兵部尚书李昊就要向亲朋好友赠送牡丹鲜花，同时配送一份上等的牛酥油。他还叮嘱亲友：等牡丹花将要凋谢的时候，就用酥油煎一下吃掉，千万不要让美丽的牡丹花遭受到被遗弃的命运。由此来看，在五代时，煎食牡丹鲜花片的做法就已经出现，苏东坡并不是食用牡丹的发明人，但他是积极的倡导者。东坡至少在两首诗中都谈到了煎食牡丹花：

> 未忍污泥沙，牛酥煎落蕊。
>
> ——宋·苏轼《雨中看牡丹三首·其三》

> 霏霏雨露作清妍，烁烁明灯照欲然。
> 明日春阴花未老，故应未忍著酥煎。
>
> ——宋·苏轼《雨中明庆赏牡丹》

进入明朝，用牡丹制作精美食品的种类日益增多，配料和制作方法也逐渐完备，用牡丹花瓣可以制作成糕点、牡丹花酒、菜肴，甚至还可以做成牡丹茶。

比如，明朝薛凤翔在《亳州牡丹史》中就记载了牡丹茶的制作方法，春天，亳州人把牡丹芽剪下来，用泉水泡掉苦涩的味道，然后在太阳下面晒干煮茶，茶味特别，清香隽永。

　　明朝学者高濂的《遵生八笺》和农学家王象晋编著的《二如亭群芳谱》两书中，都有关于牡丹花食用的各种制作方法，比如用蜂蜜腌渍花瓣生吃，新落地的花瓣还可以用面粉勾芡油煎等食用方法。到了清代，有关牡丹花的食用方法就更多了，据浙江人顾仲《养小录》记载：

　　牡丹花瓣，汤焯可，蜜浸可，肉汁烩亦可。❶

　　今天，山东菏泽的牡丹宴天下闻名，河南洛阳、甘肃临夏，用牡丹花做成的"牡丹菜""牡丹羹"也都别具特色。

　　上面主要介绍了欧阳修、司马光、苏东坡和牡丹的故事，尤其是通过欧阳修的《洛阳牡丹记》可以了解，当时洛阳是天下牡丹的栽培中心，这本书一开篇就说：

　　牡丹出丹州、延州，东出青州，南亦出越州，而出洛阳者今为天下第一。❷

　　根据《洛阳牡丹记》的记载，当时除西京洛阳以外，陕西的丹州（宜川）、延州（延安），还有山东的青州，以及浙江的越州（绍兴），都盛产牡丹。在宋朝，除了洛阳盛产牡丹以外，还有许多地方栽培牡丹，比如河南陈州、浙江杭州都盛产牡丹，甚至远在西南的四川彭州，在南宋时期也成为牡丹栽培的胜地。宋徽宗《牡丹诗帖》所说的"叠罗红"和

❶
〔清〕顾仲：《养小录》，沈阳：万卷出版公司，2016 年，第168页。

❷
〔宋〕欧阳修等著、杨林坤编著《牡丹谱》，北京：中华书局，2017 年，第 3 页。

"胜云红"，据说就是由彭州培育的牡丹名品。那么"叠罗红"和"胜云红"到底是一种什么样的牡丹呢？请欣赏一幅绘画《连理牡丹》，这是一幅工笔牡丹画，这件作品表现的就是宋徽宗在《牡丹诗帖》中所赞美的连理牡丹。那么这幅画的作者是谁呢？他就是现代著名工笔花鸟画家于非闇，这幅作品就是他精心复原的连理牡丹的画像。于非闇是山东蓬莱人，擅画工笔花鸟，是宋徽宗艺术上的传承人，尤其是在书法上，于非闇是宋徽宗忠实的追随者，他学习"瘦金体"书法，造诣精深，被认为是近代书坛"瘦金体"首屈一指的大家。《连理牡丹》画面上方就是他临摹的宋徽宗的《牡丹诗帖》，惟妙惟肖，神韵十足。

于非闇

南宋诗人范成大，曾在成都做官，他也曾经见证了叠罗红这个牡丹珍品的繁盛。一年，叠罗红开花比往年晚了十天，范成大就专门写诗来记述这件事：

　　裛积剪裁千叠，深藏爱惜孤芳。
　　若要韶化展尽，东风细细商量。
　　　　——宋·范成大《叠罗红，开迟旬日，
　　　　始放尽》

通过这首诗可以了解，叠罗红这个品种花瓣繁多，就像叠罗汉一样层层叠叠。这也印证了画家于

牡丹一本同榦二花其紅深
淺不同名品是兩種也一曰疊
羅紅一曰勝雲紅艷麗尊紫
皆冠一時之妙造化家移如此
襃貴之餘因成口占
異品殊葩共翠柯嫩紅拂
醉金荷春羅幾疊敷丹陛
雲縷重紫浴絳河玉鑲和鳴
驚對舞寶枝連理錦成窠
東君造化勝前歲吟繞清
香故琢磨
既寫連環牡丹復紀徽宗詩 非闇

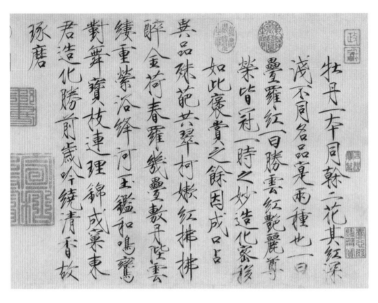

北宋　赵佶《牡丹诗帖》

牡丹一本同榦二花其紅深淺不同各品竟兩種也一曰疊羅紅一曰勝雲紅艷麗尊榮皆冠一時之妙造化窠移如此褒賞之餘因成口占

異品殊葩共翠柯嫩紅拂拂醉金荷春羅幾疊疊敷丹陛雲縷重縈浴絳河玉鑑和鳴鸞對舞寶枝連理錦成窠東君造化勝前歲吟繞清香故琢磨

于非闇《牡丹诗帖》

非闇所复原的连理牡丹的准确性。

诗人范成大喜爱彭州牡丹，他有一位挚友，更是爱牡丹成癖，在四川工作期间，甚至还费尽心血写成了一部《天彭牡丹谱》，这个人就是南宋著名的爱国诗人陆游。陆游是浙江绍兴人，进士出身，因为坚持抗金，遭到主和派的排斥，为此，他曾旅居成都达六年。在四川期间，他遍访名园名花，尤其对彭州牡丹进行了详细的考察研究，并参照欧阳修的《洛阳牡丹记》，写成《天彭牡丹谱》一书。在《花品序第一》中记述：

> 牡丹，在中州，洛阳为第一。在蜀，天彭为第一。❶

全书共分三部分，主要记录了牡丹品种 65 种，还扼要叙述了彭州人养花、赏花的习俗。这部《天彭牡丹谱》通过记录天彭牡丹的繁盛，来回忆开封、洛阳牡丹昔日的繁华，当时开封、洛阳二京都已经沦陷为金人的土地，陆游也借《天彭牡丹谱》，来抒发收复故土的爱国热情。

❶
同上书，第 135 页。

宋徽宗集诗、书、画"三绝"于一身，是中国古代少有的艺术天才和全才，他在二十一岁的时候，就已经创造出了"瘦金体"书法。"瘦金体"书法，风格独特，运笔如刀，独步古今书坛。宋徽宗这个独特的书体是怎么形成的呢？这和他的师承有重要关系。宋徽宗的书法早年学习唐朝的薛稷和褚遂良，后来又喜欢黄庭坚的书法，最后他融会贯通，把这几家的书体糅合在一起，逐渐形成了瘦挺爽利的风格，号称"瘦金体"，亦有"鹤体"雅称。

宋徽宗是一个懒惰的政治家，但是他在艺术创作上却废寝忘食，一生创作了数不清的书画作品。至于他到底完成了多少件作品，我们今天已无从知晓，但可以肯定的是，能够完好无损地保存到今天的绝对是凤毛麟角。目前，有两件大家公认的代表作，一件是大字作品《秾芳诗帖》，另一件就是现在要介绍的这件《牡丹诗帖》。那么《牡丹诗帖》是一件什么样的作品？它又是如何传承到今天的呢？

《牡丹诗帖》收藏在《宋代墨宝》册页中的第一开，高34.8厘米，长53.3厘米。帖上保留有宋徽宗"宣和七玺"中的三枚印章，那就是"政""和"连珠印、"御书"和"宣和殿宝"三枚印章。因为这件书法和《五色鹦鹉图》的题诗方式非常接近，所以有学者推测，这件书法可能是一件双色牡丹绘画的题画诗，后来被单独剪裁下来，收进了《宋代墨宝》册页中。

薛稷（嗣通公）像

褚遂良像

北宋　赵佶书《秾芳诗帖》

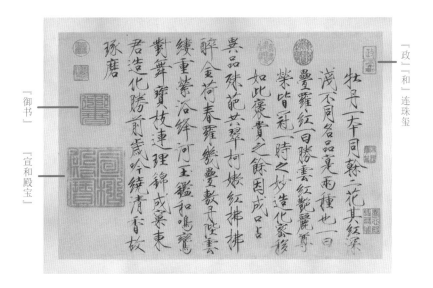

北宋　赵佶"宣和七玺"中的三枚印章

『政』『和』连珠玺

『御书』

『宣和殿宝』

　　在艺术上，宋徽宗亮点多多，他被誉为全能艺术家，个人的书、画创作都取得了巨大成就。另外，他还创办国家画院，把画学正式纳入科举考试之中；他还充当艺术总监，亲自培养画家，王希孟的《千里江山图》和张择端的《清明上

北宋 王希孟《千里江山图》

江山千里堂
無垠元氣淋
瀉運以神北
宋院誠鮮二
布三唐法然
其多致可鑒
常世王和趙
已許一堂君
又豈男不自
思作人者尔
時絢鼎作何
人
丙午新正月
陶怎

北宋　张择端《清明上河图》

河图》都是在他的指导下完成的。同时，宋徽宗利用皇权，用举国之力，狂热地收集整理历代珍贵书画文物和图书典籍，编成《宣和书谱》和《宣和画谱》两部巨著，成为今天研究古代书画的重要史料。但是在政治上，宋徽宗却骄奢淫逸，昏庸无能，任用奸臣蔡京，误国误民，最终导致北宋亡国。1127年，宋徽宗赵佶和他的儿子宋钦宗被金兵俘虏，九年后，他病死在荒凉偏僻的黑龙江五国城，享年54岁。

牡丹的种植和牡丹文化发展于唐朝，兴盛于两宋。在唐、宋两个朝代，牡丹形象在诗词、书画、文学等艺术形式上都得到了全面发展，到了两宋时期更是达到鼎盛。纵观牡丹书画的发展史，在唐、宋两朝是独领风骚，牡丹成为最受欢迎的花卉，甚至说它是绝世花王也毫不为过。俗话说"花无百日红"。1279年，南宋灭亡，在接下来的元朝统治的一百年中，牡丹文化跌入前所未有的低谷，不过在这个时期，也出现了一位著名的花鸟画家，他在牡丹绘画上取得了重要成就。那么这位画家是谁？他又创作了哪些著名的牡丹题材的绘画呢？

见此图标 微信扫码
领略牡丹千年文化艺术史！

肆
○

风雨落花

靖康二年（1127元），蓄谋已久的金兵大举南下，围攻汴京开封，宋徽宗和宋钦宗父子被金兵俘虏，北宋宣告灭亡。宋徽宗的第九个儿子赵构，率领部分残兵败将在南京应天府仓促即位，成为南宋开国的第一位皇帝。南宋定都临安，也就是今天的杭州。局势渐渐稳定以后，一些北宋的旧臣和百姓不忘故国，他们经过千辛万苦，纷纷逃难来到杭州，投奔旧主。在这逃难的大军中，就裹挟着一位叫李唐的老臣。

李唐，河南孟县人，两宋著名的山水画家。他的绘画师法李公麟，画风苍劲古朴，画面气势雄壮，创"大斧劈皴"法，开创了两宋水墨山水苍劲、浑厚一派的先河。今天，保存在台北故宫博物院的山水画《万壑松风图》就是他的代表作。在宋徽宗时期，李唐被选入皇家画院任待诏，成为宫廷画家。

"靖康之变"，李唐被金兵俘虏，押往北国，途中，他冒

《宋高宗坐像轴》（台北故宫博物院藏）

死逃脱，跟随逃难的大军，千辛万苦来到了临安。在临安有很长一段时间生活没有着落，日子过得非常艰难。据说为了糊口，他被迫沿街摆摊卖画维持生计。但是他精心创作的山水画却往往鲜有人问津，而别的画家水平虽然不高，名气也远没有他大，但是他们画的牡丹却大受欢迎。这可真是笔底

宋　李唐《万壑松风图》（台北故宫博物院藏）

明珠无处卖，李唐备受打击，就随手在一幅山水画上题写了这样一首七言绝句：

> 雪里烟村雨里滩，看之如易作之难。
> 早知不入时人眼，多买燕脂画牡丹。
>
> ——李唐《题画》❶

❶
〔明〕郁逢庆纂辑、赵阳阳点校《郁氏书画题跋记》，上海：上海书画出版社，2020年，第336页。

这首诗是什么意思呢？前两句是说大雪里的烟村，风雨里的水滩，这种自然美景看似简单，但要将它们在白纸上描绘出来，却十分困难。李唐在这里感慨山水画创作极其不容易，但就是这样用尽心血画出来的作品却不受欢迎。所以在诗的后两句他就大发牢骚，说既然水墨山水画不为人欣赏，还不如"多买燕脂画牡丹"呢！

李唐写这首诗的本意是讽刺当时社会上一种庸俗的审美观，却从侧面反映了牡丹早在南宋时期，已经成为世俗社会普遍钟情喜爱的审美对象。牡丹花大色艳，象征富贵吉祥，早在东晋时期就被顾恺之请进了《洛神赋图》，后来逐渐成为画家、诗人描摹讴歌的对象。到了隋唐，牡丹开始进入皇家宫苑，迅速成为上至皇家、士大夫，下至普通百姓最为喜爱的名贵花卉。那么牡丹到底受欢迎到什么程度呢？生活在中唐时期的白居易写过一首长诗《牡丹芳》，其中两句写道：

> 花开花落二十日，一城之人皆若狂。

牡丹花期很短，花开花落，也就二十来天，满城的百姓

納瑤密剎尊
者
入山則猛入
禪則伏嵓爾
牛京倍三耶
六武謂上座
有大感神話
成兩櫶未識
應真
御贊

嗄鵉巴尊者
鉡不滿尺倒
則濵水獰龍
逾大蹉出其
裹是何神通尊
者按杖內空
於空
御贊

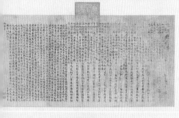

楞伽
御贊
誰作此靈氏
薰智法華尚
異慧緣淨業
脅前無同無
成卍字興佛
慈翡煙香篆
尊者
祖查巴揚哦

嗄納裹皤剌
鍛襟尊者
蕛顉廋人慫
佛出世相示
偪倭風清月
霧波斯長曉
歠寶松前金
剬四句㫄在
泌邊
御贊

扳納拔西尊
者
趺坐竹林南
無馁手語乎
黙乎學人稽
首僧雛擊磬
聲徽大千三
藏轉畢法尔
如於
御贊

唐　卢楞伽《六尊者像》(北京故宫博物院藏)

❶

潘云告主编、岳仁译注《宣和画谱》，长沙：湖南美术出版社，2002年，第356—357页。

❷

同上书，第331页。

在唐朝，牡丹以独特的风姿和丰富的文化内涵被不同的社会阶层所接受，成为最受大众喜爱的雅俗共赏的花卉。这个时期，在绘画领域，花鸟画已经成为一个独立的专门画科。牡丹花型硕大，典雅端庄，自然也就成为花鸟画的重要表达对象，牡丹绘画随之兴起，也产生了一批专门的牡丹画家，其中就以边鸾、刁光胤、滕昌佑等人为代表，不过遗憾的是，他们都没有任何图像作品流传下来。今天我们也只能通过周昉的《簪花仕女图》和卢楞伽的《六尊者像》来领略大唐时期牡丹的绚丽与辉煌。

接下来的五代时期，涌现出一批杰出的花鸟画大家，其中最具代表性的人物就是南唐的徐熙和西蜀的黄荃。这两位画家都钟情于牡丹画创作，据《宣和画谱》记载，当时宋内府收藏有徐熙的牡丹绘画四十幅❶，黄荃的牡丹绘画十六幅❷。同样遗憾的是，这些画作也都消失在历史的烟尘中了。唯独《玉堂富贵图》是我们今天能够看到的徐熙唯一流传下来的牡丹绘画，这也是中国美术史上现存最早的独幅牡丹作品。

两宋时期，牡丹种植和牡丹艺术都达到了历史高峰，尤其是宋徽宗大力提倡绘画，使牡丹艺术也取得了空前繁荣，北宋时期的著名画家赵昌、南宋的马远都有许多牡丹绘画精品传世。除了这些名家名作之外，还流传下来许多无名氏的牡丹绘画，我们来共同欣赏，北宋佚名《富贵花狸图》，南宋佚名《牡丹图》，南宋佚名《凤蝶牡丹图》，这些作品设色艳丽，风韵万千，深受大众的喜爱，所以我们回过头来再看山水画家李唐所写的题画诗，就真正体会到牡丹在南宋时期受百姓欢迎的程度。

五代　徐熙《玉堂富贵图》(台北故宫博物院藏)　　　　北宋　赵昌《画牡丹图》(台北故宫博物院藏)

南宋　马远《牡丹图》（台北故宫博物院藏）

南宋　佚名《牡丹图》（北京故宫博物院藏）

北宋　佚名《富贵花狸图》（台北故宫博物院藏）

肆 风雨落花

在唐、宋两朝，牡丹一直是一枝独秀，艳冠群芳。但俗语说"花无百日红"，我们仔细考察从隋唐到两宋七百年间的发展历史，其实有关牡丹的种植和牡丹文化的发展并不是一帆风顺的，在这期间，甚至还遭受过至少三次重大的劫难和洗礼，才最终赢得了"天下真花独牡丹"的美誉。那么这些劫难到底是什么情况？又是什么原因导致的呢？

第一次是唐末五代时期，政治腐败，民不聊生，农民起义全面爆发，当时的首都长安和陪都洛阳都遭受到了巨大破坏。战争过后，赤地千里，民不聊生，中原地区的牡丹种植业迅速衰败下来。这是牡丹遭遇到的第一次劫难，不过这次劫难却给牡丹的栽培及其普及带来了一次机遇，为什么这样说呢？

主要是政治动乱导致中国的经济重心逐渐向东、向南转移。政治经济中心的改变使长安的牡丹文化迅速衰败下来，这却给牡丹的发展带来新的生机。据史书记载，在隋唐时期，牡丹在长安和洛阳地区已经种植了长达差不多一个半世纪，而这个时期东南地区鲜有牡丹种植的记录。唐朝大诗人白居易写给好友李绅的一句诗中，就真实记录了当时的牡丹分布状况：

人人散后君须看，归到江南无此花。

——白居易《看浑家牡丹花戏赠李二十》

李绅本来是安徽亳州人，后来随家人迁居到江苏无锡。白居易告诉李绅，牡丹正在盛开，请你尽情欣赏吧，否则回到江南可就看不到这种花了。由此可以了解，当时在江南一带，牡丹还是珍稀植物。对于长安、洛阳以外的人来说，有很长一段时间，牡丹一直是一个神奇的存在，大多数人是只闻其名，而不见其形。文人雅士对牡丹更是一往情深，虽不能至，但心向往之，比如唐朝的著名诗人张祜也十分喜爱牡丹，但从来没有看到过真正的牡丹花。有一年，他被推荐到京城长安做官，乘兴写下《京城寓怀》七绝一首，诗中对长安的牡丹充满了无限向往：

三十年持一钓竿，偶随书荐入长安。

由来不是求名者，唯待春风看牡丹。

在这首诗里，张祜说，我进京并不仅仅是为了功名利禄，而是"唯待春风看牡丹"来了，牡丹的吸引力由此可见一斑。

唐末五代的战乱给牡丹文化的发展带来了灾难，同时也带来了机遇，牡丹逐渐开始被引种到河南陈州（今河南淮阳）、浙江余杭、四川天彭、江苏常熟等地，落地生根，开枝散叶，蓬勃发展起来。

第二次是"靖康花难"。其中的"靖康"指的是北宋宋钦宗赵桓的靖康年号。当时金国不断侵犯北宋，几次兵临东京城下，昏庸无能的宋徽宗为了逃避责任，1126年1月，匆忙把帝位禅让给儿子赵桓，年号定为靖康。靖康二年（1127年）四月，金兵攻破东京（今河南开封）后，俘虏了徽、钦二帝，北宋宣告灭亡。这个事件就称为"靖康之难"或"靖康之耻"。金灭亡北宋后，他们又一把火焚烧了洛阳城，对中原地区的老百姓进行残酷统治。城市中许多牡丹名苑几乎全部毁于战火，乡下的土地也大片荒芜，就这样许多珍贵的牡丹品种也永远消失了，后人就把这次牡丹被毁事件称为"靖康花难"。北宋灭亡了，洛阳、汴京的牡丹也失去了往日的繁华，数十年后的一天，著名爱国诗人陆游做了一个梦，梦中他仿佛来到了开满牡丹花的洛阳城。醒来后，他就写下了这样一首诗，其中两句写道：

老去已忘天下事，梦中犹看洛阳花。
——宋·陆游《梦至洛中观牡丹繁丽溢目觉而有赋》

陆游像

陆游是一位伟大的爱国诗人，他一生都在为收复失地北定中原而奋斗，直到暮年，梦中依然还在思念故土，想念中原大地的国花牡丹。

"靖康花难"使牡丹文化遭受到重大挫折，牡丹种植也一度衰落下去。南宋立国以后，社会逐渐稳定下来，经过花农们的不懈努力，牡丹又渐渐恢复了往日的繁华，不过谁也没有想到，一百五十年以后，牡丹文化史上一场更大的灾难又要降临了。

第三次是"端平花难"。要想了解"端平

花难"，还需要从"端平入洛"事件说起。

宋理宗端平元年（1234年），南宋出兵，联合蒙古消灭了仇敌金国。随后南宋政府又出兵中原，决定收复北宋首府汴京（今河南开封）、西京洛阳和南京应天府（今河南商丘）。由于粮草短缺、缺少骑兵等原因，虽然仓促中收复了洛阳和汴京，但因为没有实力去巩固，最终大败而归，这次北伐在历史上就称为"端平入洛"。南宋政府的这次行动也最终成为蒙宋战争全面爆发的导火索，1279年，南宋灭亡。在连年的战乱中，蒙古军屠城百余座，所到之处是饿殍千里，白骨遍野，中原地区大片的良田沃土都变成了荒滩和草地，牡丹盛景不再。后人就把这次花难称为"端平花难"。

扫码查看
☑ 配套插图
☑ 走近作者
☑ 趣话牡丹
☑ 牡丹文化

"端平花难"肇始于1234年的端平元年，一直到南宋灭亡，延续了近半个世纪，在这近五十年间，南宋和蒙古大军连续不断地拉锯作战，导致生灵涂炭，百业荒废，牡丹甚至到了亡花、亡种的地步。

1279年，元朝统一中国后，对外依然战争频繁，对内实行阶级压迫，民族矛盾尖锐，再加上统治者不重视中原文化，牡丹这种象征富贵吉祥和平的花卉仿佛和这个朝代格格不入。面对社会大变革，汉族知识分子开始选择逃避社会，弄风吟月，画家们也主动避开牡丹这个题材，选择以梅、兰、竹、菊为主要表现对象，而且进一步把这些草木花鸟人格化，以梅、兰、竹、菊的气节来表达自己孤傲高标、不忘前朝，甚至不与当局合作的政治立场。但是其中有一位画家，他特立独行，依然选择以牡丹为主要绘画题材，不过他不是用牡丹来粉饰太平，而是以此来表达对前朝的思念和虔诚，这位画家就是浙江吴兴的钱选。

钱选（1239—1301）生活在宋末元初，字舜举，吴兴（今浙江湖州）人，与赵孟𫖯、牟应龙、王子中等人合称为"吴兴八俊"，是元朝最具代表性的文人画家之一。钱选是南宋末年的乡贡进士，南宋灭亡后，他婉拒元朝政府的招安，拒绝出来做官。他隐居山林，寄情山水，用手中的画笔给山川草木写神。在绘画上，钱选完全继承了苏东坡的文人画理论，他极力提倡"士气说""士夫画"。这里所说的"士气"，指的就是绘画要有文人气，也就是我们常说的书卷气，画家要在画上题写相应的诗文或者跋语。除此之外，他还着重强调两点：

一、强调骨法用笔，就是作画要以书法入画。

二、画家要注重人格修养。只有具有高尚的品格，才能画出优秀的作品。

钱选强调这两者互为表里，缺一不可，就是说除此之外都算不上真正的"士夫画"。关于这个"士夫画"的主张，画坛上至今还流传着一段他与画家赵孟頫之间的公案。这段公案最早出现在明朝初年曹昭所著的《格古要论》一书中，赵孟頫问钱选：

"如何是士夫画？"舜举答曰："戾家画也！"子昂曰："然。余观唐之王维，宋之李成、郭熙、李伯时，皆高尚士夫，所画与物传神，尽其妙也。近世作士夫画者，谬甚也"。

在这段对话中，钱选认为"士夫画"就是"戾家画"，那么什么是"戾家画"呢？戾家画通常是指那些违背常法、没有师承的画作，按今天的话来说就是指江湖画家，属于野狐禅一类。而赵孟頫却不认同，他举例王维、李成、郭熙、李伯时等人，他们既是士大夫，也是绘画功底极其深厚的大画家，怎么能称为"戾家"呢。其实我认为这是钱选暗中嘲讽赵孟頫的一句话，钱选认为，"士夫画"首先要重"士"，也就是首先要有人格操守，你赵孟頫身为南宋皇室后裔，却又出仕元朝，你的绘画功夫再高深，也只能称得上是"戾家画"。

钱选绘画理论中的"士气说"，注重画家的人品、学问和修养，这就是今天诗、书、画、印紧密结合的文人画的早期形式。

元 钱选《花鸟图》卷（天津博物馆藏）

钱选在绘画上是一个多面手，他擅长山水、人物、花鸟，其中花鸟画成就最高。钱选的绘画着色清雅，讲求"士气"，注重题跋。天津博物馆收藏有一幅《花鸟图》卷，第二段画的是一幅风中的牡丹图。

图中画了两朵白牡丹，春寒料峭，白色的花瓣在冷风的吹拂下摇摇欲坠，稀疏的牡丹叶片也正在风中无力地摇摆。钱选还在画上题下了自作诗一首：

> 头白相看春又残，折花聊助一时欢。
>
> 东君命驾归何速，犹有余情在牡丹。
>
> ——元·钱选《自题牡丹图》

头白春残，牡丹花将谢，钱选对人生最后的痴情仿佛都寄托在了这朵牡丹花上，叹惜人生易老，来日无多。整幅画面营造了一种凄清孤寒的氛围，这分明是钱选借残春牡丹来抒发思念故国、叹惜青春早逝这样一种惆怅情怀。

钱选是元朝继承宋代设色工笔花鸟画一派中的代表性人物，

下一面的这两幅工笔牡丹笔致柔劲，设色典雅，也是他传世牡丹画中的代表作品。在元朝，一度取消科举制度，由于社会压抑，知识分子看不到前途，画坛流行暗色调的墨笔花鸟，绘画题材极少选用富丽堂皇的牡丹花。但是在钱选的影响下，他的弟子沈孟坚和王渊等极少数画家仍然创作了不少牡丹题材的作品。

沈孟坚的《牡丹蝴蝶图》整幅画用笔工细，设色雅丽，完全继承了钱选的工笔淡彩的画法。王渊擅画水墨牡丹，他善于运用墨的浓淡干湿变化，来营造画面气氛。笔法变化丰富，笔墨工细中又兼带写意，他的这种兼工带写的画法开创了元代花鸟画的新画风。北京故宫博物院收藏有一件他的《墨牡丹图》，画面全用水墨渲染，文人画气息浓厚，是王渊传世牡丹绘画中的精品佳作。

在元朝，文化艺术处于低谷期，但在这个时期，却也产生了一部著名的小说，那就是由文学家施耐庵创作的经典名著《水浒传》。《水浒传》是中国四大名著之一，完成于元末明初，该书一经出版，就在社会上产生了巨大的影响。据说这本书的诞生和牡丹还有一段极深的渊源。

元　钱选（传）《牡丹册页》

元　钱选《牡丹图》

元　沈孟坚《牡丹蝴蝶图》(日本东京国立博物馆藏)

施耐庵是江苏兴化人，三十六岁中进士，和朱元璋的军师刘伯温是同榜。施耐庵中进士后，曾到钱塘担任过几年县令，因为不满元朝的腐败统治，就辞官回到故乡兴化。

元朝末年，社会动荡不安，农民起义此起彼伏。元至正十三年（1353年）正月，兴化盐民张士诚在白驹场发动起义，这次起义声势浩大，施耐庵也加入了张士诚领导的反元运动之中。施耐庵生性机智多谋，又有文化，很快就成为张士诚的重要幕僚。后来张士诚兵骄将傲，目光短浅，刚取得一点成绩就安于享乐，过起了骄奢淫逸的生活。施耐庵认为张士诚难成大事，就不辞而别，回家隐居。据说，施耐庵喜爱花

元　王渊《墨牡丹图》（北京故宫博物院藏）

草，尤其喜欢牡丹，他归隐田园以后，就一边种植牡丹，一边进行小说《水浒传》的创作。

在推翻元朝的斗争中，朱元璋急需人才，据说一天，他在军师刘伯温的带领下，亲自登门拜访施耐庵，希望施耐庵重出江湖，帮助自己夺取天下。但施耐庵却避而不见，仅给老同学刘伯温留赠绘画一幅，只见画面上有一条弯弯的小河，一个渔翁，身披蓑衣，正稳坐在岸边垂钓。在老渔翁的远处，施耐庵还特意画上一大片正在盛开的牡丹。

施耐庵为什么要画这样一幅《牡丹垂钓图》？他又有什么用意呢？说到牡丹，其实刘伯温和施耐庵有一个同样的爱好，也非常喜爱牡丹花，他还曾经写过一首著名的咏牡丹诗：

沉香亭畔月华流，掌上孤鸾镜里愁。

舞罢春风却回首，六宫红粉总包羞。

——明·刘基《题扇面牡丹花》

　　这首诗，首先回忆了唐玄宗和杨贵妃在兴庆宫沉香亭畔，一起观赏牡丹的风流韵事，接着用"孤鸾照镜"这个典故叙述唐玄宗因为安史之乱而痛失杨贵妃的凄凉心境。最后两句是说，回望历史，正是因为唐玄宗后来的政治昏庸，生活奢靡，又重用反贼安禄山，从而导致安史之乱的发生，最终导致了六宫粉黛也一起蒙受羞辱这样一个凄惨结局。整首诗以花咏史，以史为鉴，具有深远的历史意义，也具有深刻的现实意义。它警醒世人，不忘初心，方得始终。

　　刘伯温仔细审看施耐庵留下的这幅《牡丹垂钓图》，发现绘画上这钓鱼的老翁竟然用的是自己的画像。毕竟是老同学，两人心有灵犀一点通，他立刻就明白了施耐庵通过笔墨传达的用意。众所周知，牡丹象征着富贵荣华，从武则天开始，就被当作帝王花，是皇权的象征。施耐庵这是借用牡丹，悄悄地告诫刘伯温，功成名就以后，要远离帝王，远离富贵，隐居山野，这样才能保一世平安。果然，明朝建国后不久，刘伯温就辞官归隐。据传说，后来朱元璋火烧庆功楼，许多开国功臣都被烧死了，唯独刘伯温幸免于难。

　　朱元璋建立大明王朝后，为了巩固皇权，滥杀功臣，对仇敌张士诚的旧部人马更是斩草除根。施耐庵曾经是张士诚的军师，所以他认为朱元璋绝不会放过

1959 年　晏少翔《施耐庵著水浒》
（中国国家博物馆藏）

自己，于是决定外出避祸。施耐庵临行前对妻子说：我离家后，一定要保护好我的《水浒传》书稿，还要照顾好我心爱的牡丹。

据说，施耐庵走后不久，朱元璋就派官兵来抓捕他，这个时候已经是人走屋空了，气急败坏的士兵只好将院中的牡丹用马鞭抽得七零八落。妻子谨记施耐庵的嘱托，小心翼翼地照顾院子里的牡丹，奇怪的是，自从施耐庵出走之后，牡丹虽然每年都长得郁郁葱葱，但再没有开过花。

多年以后，风声渐小，施耐庵流亡归来。看到家人安好，牡丹平安，《水浒传》书稿保存完好，施耐庵非常高兴，他又重整花圃，扫去败叶枯枝，继续《水浒传》的创作。第二年春天，院子里的牡丹竟然长出了许多花苞，就在谷雨前后，一院子的牡丹花开得又大又艳，这个时候，《水浒传》书稿也终于杀青了。看着花团锦簇的牡丹花，施耐庵感慨万端，挥笔写下了这样一首小诗：

牡丹曾是亲手栽，十度春风九不开。

多少繁华零落尽，一枝犹待主人来。

上面这个传说，流传于山东菏泽一代，至于它的真实性如何，今天已经无法求证了。不过可以肯定的是，《水浒传》的故事就发生在盛产牡丹的古曹州，一提到《水浒传》，菏泽人挂在嘴边的一句话就是："梁山一百单八将，七十二名在郓城。"❶

元朝立国不过百年，政治的原因导致牡丹文化长期停滞不前。在接下来的明朝，牡丹将再次满血复活，牡丹文化在诗词、文学、绘画等领域也将迎来又一个春天。

❶

参见李保光主编《牡丹人物志》，济南：山东文化音像出版社，2000 年，第150—151 页。

翰墨天香：牡丹文化两千年

1 2 0

伍
○

折枝芳华

牡丹经过金、元两朝的短暂衰落以后，进入大明王朝，随着政治的逐渐稳定，农业生产也渐渐得以恢复。经过相当长一段时间的休养生息以后，牡丹又重新焕发生机，在中华大地上蓬勃生长起来。随着牡丹种植业的繁盛，牡丹文化开始全面复苏，在文学艺术上又呈现出一片繁荣景象，在牡丹绘画方面，明中期则出现了以唐伯虎为代表的一批艺术家。

前边曾经讲过牡丹文化在唐宋时期得到了蓬勃发展，而这一章怎么就跳过了元朝，直接讲述明代的牡丹文化呢？难道在元朝存在的大约一百年当中，牡丹文化就没有什么发展？也没有什么值得说的吗？其实，在当时仍有几位学者依旧重视牡丹文化，把牡丹依然看作富贵吉祥的象征。其中就有这么一个花痴，他非常喜爱牡丹，为了观赏牡丹，在长达几十年的时间里，不辞辛苦，满天下搜寻。

那么，这位花痴究竟是谁呢？他就是元朝的著名文学家姚燧。

姚燧像

姚燧，洛阳人，出生于1238年，元朝著名的文学家。姚燧的祖上曾在辽、金两朝做过高官，他的伯父姚枢，是元初著名的汉族儒臣。姚燧童年非常不幸，三岁的时候，父亲病故了，他是在伯父姚枢的培养下长大成人的。后来，又是在伯父的协助下，顺利进入仕途，曾经官居翰林学士。姚燧是一个十分热爱生活的人，在从政之余，喜爱游历名山大川。大概是出生在洛阳的缘故，他尤其喜爱牡丹。姚燧曾在多地做官，据说，他每到一处，就打探寻找当地的名花异草，一旦发现有牡丹种植，想尽办法，必定前去参观考察。比如中统元年（1260年）的春天，当时正是牡丹盛开的季节，这个时候，姚燧满怀希望地来到故乡洛阳寻找牡丹。但是他在洛阳看到的却是一片片废墟，为什么呢？因为这个时期，洛阳城外大批的农田也都变成了牧场草原，往年繁花似锦的牡丹花圃上，是成群结队的蒙古骑兵在跃马扬鞭。但姚燧却不死心，在洛阳城里城外，挖空心思寻找了很多天，竟然没有发现任何牡丹的踪迹。他又专门跑到洛阳乡下，四处打听，终于在洛西偏远的刘氏花园里，发现了一株高约四尺的老牡丹，名字叫"寿安红"。这棵珍贵的寿安红是劫后余生，更是当时洛阳地区牡丹濒临灭绝的见证。六年以后，姚燧又在燕京已故的赵参政家里访到了一棵"左紫牡丹"，据说这是当时北京城硕果仅存的一株牡丹。

姚燧爱牡丹成痴，他一生写牡丹、访牡丹，每见到一地有牡丹盛开，都要呼朋引伴，对花赋诗饮酒，常常流连忘返。

1288年，一个寒风凛冽的冬天，牡丹还处于休眠季节，五十一岁的姚燧，受朋友邀请，热情似火地写下了著名的《序牡丹》一文。

> 呜呼！以齿五十一年之老，行数千里之远，始观至今廿九年之久，六年六见之稀，而无负可当赏酬者，醉。❶

他在文中详细追忆了几十年来寻访、观赏牡丹

清 蒋廷锡绘《寿安红》

❶〔元〕姚燧：《姚燧集》，北京：人民文学出版社，2011年，第77页。

的经历，在文中，他对花感叹：我现在已经是年过半百的老朽了，为了寻找牡丹花，走遍了天下。仔细算起来，从中统元年开始到现在已经二十九个年头了，想起来曾经连续六年寻找到稀有的牡丹，为此屡屡喝得酩酊大醉。回首往事，能看到牡丹花继续盛开，也算对得起这一场场豪饮了！

在元代，尽管有像姚燧这样深爱牡丹的花痴，但仅仅依靠一个人的力量，是无论如何也改变不了牡丹遭受冷落的命运的。所以根据姚燧的这一段记载可以了解，在元朝初年，因为政治的原因，在中原各主要牡丹产区，牡丹的种植面积在锐减，品种也退化严重，许多珍贵的牡丹也就永远地消失在烽火狼烟之中了。

紫牡丹

唐宋时期，长安和洛阳是全国牡丹栽培中心，到了宋朝，洛阳牡丹甲天下，牡丹文化又开启了一个鼎盛时代。北宋末年，金人不断南侵，由于战乱不断，洛阳的牡丹也开始衰退，到了宋徽宗政和年间，牡丹在洛阳就全面衰落了。这个时期，河南东部的陈州牡丹开始兴起，一度取代了洛阳。陈州就是今天的河南省周口市淮阳区，明清以前古称陈州。北宋学者张邦基曾经写有《陈州牡丹记》一文，这篇短文详细记述了陈州牡丹的种植状况：

> 洛阳牡丹之品见于花谱，然未若陈州之盛且多也。园户植花，如种黍粟，动以顷计。❶

❶
〔宋〕欧阳修等著、杨林坤编著《牡丹谱》，第127页。

这里所说的"花谱"，指的是欧阳修的《洛阳牡丹记》和周师厚的《洛阳花木记》等关于牡丹的专著。张邦基是说，洛阳的牡丹品种已经见于各种花谱记载了，但是陈州牡丹无论从种植还是品种上已经超过了洛阳，陈州当地百姓种植牡丹就像种黍粟庄稼一样，动辄百亩以上，牡丹在陈州可以说盛极一时。

南宋时期，牡丹栽培中心南移，由北方的洛阳、陈州逐渐转向了南方的杭州、四川的天彭等地区。天彭栽培的牡丹一度被称为"蜀中第一"。

经过金元时期的低谷期，进入了明代，牡丹的栽培中心开始转移到了亳州（今安徽省亳州市）。亳州牡丹的兴盛与一位明代的亳州籍学者有重要关系，这位学者就是著名的园艺家薛凤翔。

薛凤翔，亳州人，生卒年不详，在万历时期被保举为贡生，后来做到五品级别的鸿胪寺少卿。薛凤翔出身于官宦世家，他的祖父薛蕙，在正德九年中进士，曾经做到吏部考功司郎中，这个郎中的级别大概相当于今天各部委的司长。嘉靖二年（1523年），朝中发生"大礼"之争，所谓"大礼"之争，起因是正德皇帝朱厚照驾崩后，他没有子嗣，所以就指定他的堂弟朱厚熜继位，这就是明朝历史上的第十二位皇帝嘉靖帝。嘉靖登基后，执意追封生父为兴献帝，也就是皇考。朝中大臣认为礼仪不合祖制，强加反对，这件事在朝廷上争论了好几年，明史上就把这个事件叫作"大礼"之争。薛蕙当时是反对派，直接得罪了嘉靖皇帝，招致嘉靖大怒，最终薛蕙遭罢官回乡。薛蕙归隐故里以后，不问世事，专门修建了一处私家园林，取名叫"常乐园"，他在园子里潜心读书，种花自娱。据说薛蕙特别喜爱牡丹，写过很多首吟诵牡丹的诗歌，其中最有名的一句牡丹诗是这样写的：

斟酌君恩似春色，牡丹枝上独繁华。

——明·薛蕙《牡丹》

显然，薛蕙把朝廷的恩宠曾经看作是春色浩荡，但最终还是被无情地罢官。所以他回到故乡以后，也只能在牡丹的枝头上回忆往日的繁华了。薛蕙广泛搜集各地不同品种的牡丹花，在常乐园中大面积地种植。经过多年的悉心培育，常乐园的牡丹渐渐形成了规模，并成为附近闻名遐迩的牡丹精品园。

薛凤翔和他的祖父一样，官运不旺，做到鸿胪寺少卿后，越来越觉得自己在仕途上不会再有大的发展，于是就毅然辞官回家，和他的祖父一样，在亳州过起了隐士生活。薛家是牡丹世家，根据史料记载，薛凤翔的父亲和两位伯父也继承了薛蕙的事业，继续营建私家园林，并不断扩大牡丹的种植和培养面积。经过几十年辛苦经营，牡丹花色品种也越来越丰富，薛家的牡丹渐渐成了规模，这也带动了亳州当地好花的风气。

薛凤翔英年挂冠，他继承了先辈们酷爱牡丹的基因，延续牡丹家风，继续扩大牡丹种植面积。他除了亲自培养牡丹新品以外，还从全国各地大量买进不同的品种，尤其是听说某一地出现了牡丹新品种，他是挖空心思，甚至不惜重金，一定要移栽到亳州。在薛凤翔的影响下，亳州当地的士绅也纷纷营建自己的牡丹园，每年春天各个园子里的牡丹争奇斗艳，美不胜收，奇品新品开始遍布亳州。就这样，种牡丹、赏牡丹渐渐地蔚然成风。据史料记载，亳州的牡丹种植在万历时期达到了高峰。当时亳州牡丹无论是从品种还是种植面积上，都成为全国牡丹栽培中心。所以薛凤翔自豪地说：

> 欧阳永叔《牡丹记》亦谓洛阳天下第一。今亳州牡丹更甲洛阳，其他不足言也。
>
> ——明·薛凤翔《亳州牡丹史》❶

欧阳永叔就是北宋的大文豪欧阳修，他曾经撰写过著名的牡丹花谱《洛阳牡丹记》。薛凤翔说：北宋时期洛阳牡丹天

❶
〔明〕薛凤翔著、李冬生点校《牡丹史》，合肥：安徽人民出版社，1983年，第17页。

❶

李保光主编《牡丹人物志》，第185页。

欧阳修像

下第一，今天我们亳州已经远胜过洛阳，至于和其他地方相比，就更不在话下了。从今天流传下来的史料来看，的确，在明朝中后期，亳州牡丹在全国占有十分重要的地位。亳州牡丹的异军突起，薛凤翔家族功不可没，但这也和当时亳州官绅百姓都喜爱牡丹的整体氛围有关。万历时期的亳州名士、牡丹栽培专家夏之臣，就留下了亳州人善于栽培牡丹的记录：

> 吾亳，土脉颇宜花，无论园丁、地主，但好事者，皆能以子种，或就根分移。
>
> ——明·夏之臣《评亳州牡丹》❶

夏之臣说，亳州这个地方的土地适合牡丹的生长，这里的百姓无论是花农还是士绅、地主，都擅长栽培牡丹，比如用种子繁殖，或者分株繁殖，各种手法都非常娴熟。由此来看，牡丹在亳州有着强大的群众基础，那么这个时期出现"亳州牡丹更甲洛阳"的盛况，也就是顺理成章的事了。

薛凤翔种牡丹、赏牡丹，一生与牡丹相伴，可以说与牡丹结下了不解情缘。到了晚年，他总结一生的种花经验，奋笔写出了《亳州牡丹史》一书。这部书的内容极其丰富，一共记录了二百七十一种各色牡丹，而且还对其中的一百五十多个品种的花型、颜色进行了细致地描述，并准确地标注出了这些品种的产地，还详细地总结了牡丹的栽培和管理技术，这对研究中国牡丹的发展和演变提供了极其翔实的史料。另外，薛凤翔出于文人的敏感，他还对牡丹文化的审美标准作出了独创性的总结，他根据牡丹不同的习性特征和观赏品质，把牡丹分为神品、名品、灵品、逸品、能品、具品等六个等级，这些理论在牡丹美学史上闪烁着灿烂的光辉。

见此图标 微信扫码
领略牡丹千年文化艺术史！

牡丹花花形优美，雍容典雅，从南北朝以来，牡丹一直是画家心仪描摹的对象。明朝开国以来，政治逐渐稳定，经济也很快呈现出一片欣欣向荣的景象，牡丹在亳州等地再度繁荣起来。牡丹国色天香，雍容华贵，它又一次走进书画家的笔墨之中，成为被歌颂描写的主角。明朝的牡丹绘画和牡丹栽培发展繁荣的轨迹几乎是重叠的。

明代绘画史上，明初，设立宫廷画院，从洪武到弘治年间的一百多年内，宫廷绘画一直占据着皇家画院的主导地位，画风主要沿袭南宋画院的"院体"传统，在花鸟画创作上，这种院体绘画表现为细腻逼真，色彩绚丽浓艳，笔法工整，题材多以珍禽异鸟、名花奇石为主。强调：

花之于牡丹芍药，禽之于鸾凤孔翠，必使之富贵。❶

这种设色工丽华美的"院体"花鸟画派，主要代表人物是边景昭和吕纪。目前没有发现边景昭相关牡丹题材绘画传世，而画家吕纪却有多幅牡丹作品流传到今天，比如《牡丹锦鸡图》，它寓意花开富贵，前程似锦；再来看《玉堂富贵图》和《杏花孔雀图》，分别寓意富贵吉祥和春风浩荡，但在这些作品中，牡丹都是以配角的形式出现，主要用来烘托画面雍容华贵的气象。

明朝开国一百多年后，也就是在嘉靖、万历时期，牡丹栽培达到了鼎盛期，这个时期有关牡丹题材的绘画也迎来一个高潮，最具代表性的人物就是"吴门四家"，那么这四家都有谁呢？所说吴门四家，又称明四家。代表人物是沈周、文

❶ 潘云告主编、岳仁译注《宣和画谱》（卷十五），第310页。

明　吕纪《牡丹锦鸡图》(中国美术馆藏)　　　　　　明　吕纪《玉堂富贵图》(私人藏)

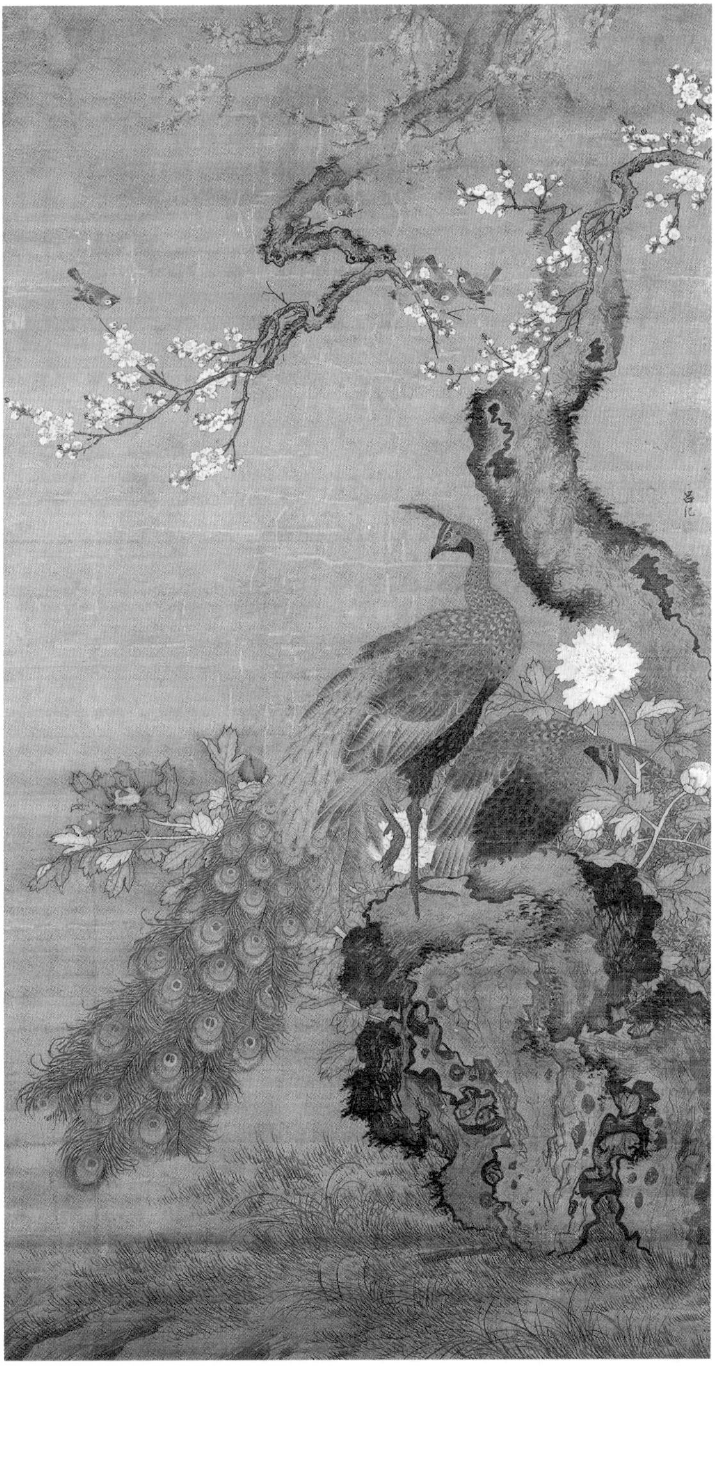

明　吕纪《杏花孔雀图》（台北故宫博物院藏）

大節亦明漂雪霜强落涝撤次公狂
謫仙吳代原同調卻咸求巡鍋求王
三条蜀畫楮綠同舍辞牽竟寃盂
句袁先生泳取友莫将通榜怒墨墩
看花四季小吳真率第一風流自刲銘更有
鄭廣三绝在秋糠猶可鑄張壺
桃花巻群草華·道绿室得待詒題
金粉飘零人畫散畫又開倚故脇西

雅宜山人王寵

曲闌風露夜硯經綠月西流萬
樹細人語漸漸孤笛起玉郎四
亥摧煇嵴　秋夜晟学
子畏友先因書其小影以識

明人绘《沈周半身像》

佚名《文徵明像》

清 李岳云《仇英肖像》

徵明、唐伯虎和仇英。在此专门来介绍唐伯虎和他的几件牡丹绘画。

唐伯虎是明中期重要的诗人、画家、文学家，在明朝艺术家群体当中，他是在民间知名度最高的一位，可以说妇孺皆知。唐伯虎才高八斗，书画兼善，是公认的一代文豪。众所周知，在封建社会，读书做官是人生第一要务，那么写得一手锦绣文章的唐伯虎，为什么没有走向仕途，而是选择了做职业画家这条艰辛的道路呢？这一切都和他充满传奇的人生遭遇有着不可分割的关系。

明成化六年（1470年），唐伯虎出生于繁华秀美的姑苏城，也就是今天的苏州市。因为这一年是庚寅虎年，所以家人就给他取名唐寅，字伯虎。

唐伯虎出身于小商人之家，他的父亲唐广德在城内开了一家店铺，可能就是酒馆肉铺一类的饮食店。唐广德勤劳能干，勤俭持家，所以家中还是比较富足的，按今天的标准来说，唐家应该属于中产阶级，至少属于小康之家。唐伯虎自幼丰衣足食，童年时期一直过着无忧无虑的生活。唐广德看到儿子聪明伶俐，文思敏捷，也有一颗望子成龙之心。为了孩子将来能够金榜题名，光宗耀祖，唐广德专门请来了一位私塾先生，教唐伯虎读书识字。唐伯虎生性顽皮，根本不受大人的约束，他喜欢结交小朋友，经常带着小伙伴在大街上肆意地打闹玩笑，还喜欢和轿夫、屠夫、小商贩等贩夫走卒交往，听他们讲述乡间的逸闻趣事，甚至常常忘记回家吃饭。这些早年的人生经历是他后来形成悲天悯人、同情下层百姓情怀的主要原因。据史载，唐伯虎在青少年时期就认识了文徵明、徐祯卿、张灵、祝枝山等人，他们志趣相投，经常聚在一起饮酒赋诗，畅谈人生抱负，因此也结下了深厚的友谊。

清　叶衍兰绘《祝枝山着色像》

少年唐伯虎就是在这样一个宽松的大环境下成长的，所以也养成了他狂放不羁和玩世不恭的个性。弘治十一年（1498年），二十九岁的唐伯虎参加应天府乡试，一举夺得第一名解元，志得意满的唐伯虎随即刻下了"南京解元"的印章，这方印章经常出现在他的作品中。在唐伯虎夺得解元的第二年，他又到北京参加会试，在途中遇到了江阴籍的考生徐经，徐经早就听说过唐伯虎的大名，是唐伯虎的粉丝，于是两个人就结伴同行。没想到就是这么一次偶遇，彻底改变了唐伯虎的人生走向。徐经出身于富商家庭，到京以后，就带着唐伯虎四处拜访达官显贵，这其中就不幸结识了后来的主考官程敏政。为什么说不幸呢？因为会试结束后，程敏政被人揭发泄露考题，徐经和唐伯虎也被牵连其中，两个人蒙冤入狱，被严刑逼问了几个月也没有查出个所以然。后来朝廷做出了取消唐伯虎的功名、永不叙用的处罚。唐伯虎的科举之路就这样被强行熔断了。关于这场科考案的是是非非有很多种说法，今天看来，主要的原因还在于唐伯虎个性过于张扬，过于

唐伯虎刻下印
章"南京解元"

锋芒毕露，据说会试还没有开始，他就放出豪言：第一名会元非自己莫属。这种恃才傲物、口无遮拦的做法，最终给他带来一场横祸。公平地说，科考案因徐经而起，确实是事出有因，但最终又查无实证，唐伯虎也不得不背起这个黑锅，而且成为他一生不可言说的痛。当时，他曾给好友、画家文徵明写过一封信函，这封信真实地反映了唐伯虎的处境：

> 而后昆山焚如，玉石皆毁；下流难处，众恶所归……海内遂以寅为不齿之士，握拳张胆，若赴仇敌；知与不知，毕指而唾，辱亦甚矣！
>
> ——明·唐伯虎《与文徵明书》❶

❶
〔明〕唐寅：《唐伯虎全集》，杭州：中国美术学院出版社，2013年，第221页。

"昆山"是指昆山和田美玉，在这里比喻杰出的人才。"焚如"是古代把人活活烧死的一种酷刑。唐伯虎以昆山玉来自比，他说自己受到的酷刑就像火烧昆山美玉一样，直到玉石俱毁。自己也成了众恶所归之人，天下所有士人都不齿于我，看到我就好像看到仇敌一样，都来唾弃侮辱我。这是唐伯虎在"科考案"中的亲身经历，受尽了屈辱又无处申冤，没想到这才是苦难的开始，当声名狼藉的唐伯虎回到家乡后，迎接他的却是第二任妻子落井下石，反目成仇，毅然决然地抛弃了他。他的父亲、母亲、第一任妻子和唯一的亲妹妹都早已离开人世，唐伯虎一下子变成了孤家寡人。家境已十分贫穷，唐伯虎身无长物，只得拿起画笔，以卖画为生。从此，大明的官场上少了一个官吏，而中国艺术史上却增添了一位光彩夺目的艺术大师。说到唐伯虎的绘画，他十六岁与文徵明结交，十七岁时又遇到画家

明 唐寅《牡丹扇面》(上海博物馆藏)

沈周,三十一岁的时候又拜师山水画大家周臣,接受了系统的专业训练。唐伯虎的绘画主要受这三位画家画风的影响,总结来看,他走的是一条文人画的创作道路。唐伯虎擅长山水、人物、花鸟。他的花鸟画长于水墨写意,格调秀逸洒脱。传世花鸟作品不多,但就在这不多的作品中,却保留下好几幅有关牡丹题材的绘画。

上面这幅《牡丹扇面》是一幅盛开的牡丹花,水墨随意点染画成,用浓墨点花蕊。叶子正面是浓墨,反面则是用淡墨,重墨勾出叶筋,叶子随风飘舞,动感十足。上面题诗:

倚槛娇无力,临风香自生。

旧时姚魏种,高压洛阳城。

——明·唐伯虎《牡丹扇面》

第二幅是一幅仕女图。唐伯虎擅长人物画,主要师承唐

牡丹庭院又春深一寸
光陰萬兩金梯曙起來
人不解只緣難放惜花心
唐寅

明　唐寅《牡丹仕女图》（上海博物馆藏）

代传统画法，色彩清雅秀丽，人物一般体态丰腴优美，造型准确；他的写意人物，笔简意赅，很有笔墨意趣。画中的人物形象端庄秀雅，右手拿着一柄纨扇，左手擎一枝盛开的白牡丹花，牡丹花瓣用白粉没骨"写"出，牡丹叶子则用浅蓝色调墨，更加衬托出画中仕女的清丽可人。他还在画上题诗一首《牡丹仕女图》：

> 牡丹庭院又春深，一寸光阴万两金。
>
> 拂曙起来人不解，只缘难放惜花心。

唐伯虎还留下一幅同样题材的仕女图，这张画的题诗与《牡丹仕女图》一模一样，这显然是点题之作，也说明唐伯虎人物画在当时深受收藏家的欢迎。

还有一幅《墨牡丹图》，上面题的是：

> 伊谁相谑遥相赠，醉日凝妆展露梢。
>
> 含笑向人如解语，锦心攒吐一团娇。

唐伯虎的牡丹题材绘画传世不多，就目前所看到的作品来说，他的画法属于传统国画中的折枝画法。那么什么是折枝画法呢？"折枝"是中国花鸟画的一种特有的表现形式，画花卉不写全株，只选择其中一枝或若干小枝入画，这就叫折枝画法。在中国美术史上，折枝花鸟的形式在中唐至晚唐开始出现，五代的时候，折枝画法在画坛已经开始普及，到了两宋，折枝画已成为花鸟画家最常见的构图形式。

明　唐寅《仕女图》（私人藏）

牡丹连院又春深一寸光
陰萬兩金拂曙起来渾
不解只因難放惜花心
蘇臺唐寅畫并
題

明 唐寅《墨牡丹图》(私人藏)

伊谁相谖遥相赠醉日凝糚
展露梢含咲向人如解语锦
心攒吐一团娇
籧臺唐寅

欣赏了唐伯虎的几幅牡丹绘画后，回顾唐伯虎的人生，那是充满了艰辛酸楚，也饱尝了几乎所有的世态炎凉，他自身也像树上折下来的一段花枝，在短暂绽放之后，就无可奈何地枯萎了。嘉靖二年（1523年），五十三岁的唐伯虎贫病交加，他也知道自己将不久于人世，于是提笔写下了这首著名的《临终诗》：

生在阳间有散场，死归地府也何妨？

阳间地府俱相似，只当漂流在异乡。

　　唐伯虎经历万般磨难，但他看淡生死，无所畏惧，临终前依然开朗豁达，既没有对社会愤懑不平，也没有书生的酸腐气，这种胸襟境界既让后人叹息，更让后人叹服。

　　以上介绍了明朝时期牡丹的栽培发展史和绘画史，嘉靖、万历时期，亳州牡丹冠甲天下，几乎就在同时期，位于黄河中下游的一个地区，牡丹种植业悄悄兴起，甚至在明末一举取代亳州，成为天下牡丹的培育中心。那么这个新的牡丹产地究竟在什么地方？明晚期的画坛又产生了哪些重要的牡丹画家呢？

陆
○
花开曹南

❶
〔明〕徐渭：《徐渭集》，北京：中华书局，2023年，第154页。

❷
同上书，第157页。

　　明朝早期的花鸟画创作，主要以"院体"派绘画为主，为皇家服务，画法要求工整秀丽，画面追求富丽堂皇，也就是装饰性强。前文已经做了介绍，这方面的代表画家就是边景昭和吕纪。除了边、吕之外，还有一位著名画家，他风格野逸，独树一帜，在宫廷画院中以风格独特而影响深远。先读一读大画家徐渭的诗句。

　　　本朝花鸟谁高格，林良者仲吕纪伯。

　　　……

　　　崔徐一纸价百金，风韵稍让吕与林。

　　　　　　　　　　　　——徐渭《王鹅亭雁图》❶

　　画家徐渭在这首诗中明确表达，说在我们当朝的所有画家当中，谁的花鸟画水平格调最高呢？代表人物就是吕纪和林良。五代、北宋时期的著名花鸟画大家徐熙和崔白的作品，在明朝已经价值百金，甚至一纸难求，但就绘画的韵格来说，崔、徐二人的水准还在吕、林之下。在另外一首咏《刘巢云雁》诗里，徐渭更是直接肯定林良画意高超，认为"本朝花鸟谁第一？左广林良活欲逸"❷，在狂傲的大画家徐渭的眼中，林良是本朝花鸟画家中当之无愧的第一，自己甘拜下风，自愧不如。

　　林良，广州人，宫廷画师。林良和吕纪虽然同为宫廷画家，但是两个人的画风却截然不同，林良擅长水墨写意，作品文人画气息浓厚，画面注重气韵和笔墨情趣。他还把草书的笔法引入绘画中，开创了水墨写意画派。林良的这种画风

明　林良《双鹰图》(香港中文大学文物馆藏)

影响了后来的很多画家，比如著名的"吴门四家"就深受他的影响，明中期以后，文人画成了画坛的主流，牡丹题材也开始流行。在吴门四家中，沈周排在第一，是吴门四家的代表性人物。他擅画山水，兼画花鸟，笔墨豪放，最擅长用重墨浅色，比如南京博物院收藏的这件《玉楼牡丹图》就极具笔墨特色。文徵明和唐伯虎也都有水墨写意牡丹传世，都是以文人画的笔法来画牡丹，他们都注重笔墨情趣和韵味的表达，表现的是牡丹的野逸之美，这和以前画家所追求的雍容华贵的画风有了明显的区别。说到"墨牡丹画"，那么它有什么特征？这种画法又是从什么时候开始出现的呢？墨牡丹画是指主要用水墨或者略施淡彩的一种牡丹画法，和工笔写生牡丹有着明显的区别。说到水墨牡丹创作，被画史记载最早的画家，是五代时期的徐熙。明人詹景凤在《东图玄览》一书中，说徐熙的墨牡丹画"大有风致，信笔拓成"，遗憾的是，徐熙并没有墨牡丹作品传世，所以徐熙究竟是不是墨牡丹的首创者还不能肯定。

北宋时期，大文豪苏东坡听说开封有一位画家叫尹白，能用水墨画梅花，苏东坡非常感兴趣，为什么呢？因为当时用水墨画山水、人物、竹石的画家比比皆是，但是专门用水墨画花卉的画家还不多见，所以，尹白的出现引起了苏东坡的注意。他就直接开口，向画家尹白求一幅水墨牡丹。这段故事就记载在苏东坡的《墨花并序》一诗中：

世多以墨画山水竹石人物者，未有以画花者也。汴人尹白能之，为赋一首。

明 唐寅《墨牡丹》

造物本无物，忽然非所难。

花心起墨晕，春色散毫端。

缥缈形才具，扶疏态自完。

莲风尽倾倒，杏雨半摧残。

独有狂居士，求为墨牡丹。

兼书平子赋，归向雪堂看。

"独有狂居士，求为墨牡丹"，苏东坡说，我是个狂野之人，所以就不讲究什么礼数了，请你给我创作一幅墨牡丹画吧。尹白擅长的是画墨梅，他究竟有没有给东坡画墨牡丹图呢，史料没有记载，我们也就不得而知了。不过这件事至少说明，在北宋时期，水墨牡丹的画法还是没有全面展开。元朝的画家中，据说"元四家"的吴镇擅长墨牡丹，但也只有史书记载，没有真迹画作流传下来。王渊擅画墨花墨禽，有墨牡丹传世，画面上绘折枝牡丹两枝，用细笔白描来勾花，用水墨染叶，属于近工笔小写一路。由于王渊仅有一件墨牡丹流传下来，但就这一幅作品来看，水墨牡丹在当时还处在探索阶段。

我们现在分析，水墨牡丹在唐宋不受欢迎的原因，应该和当时的大众审美有着重要关联。牡丹，色彩艳丽，仪态万方，水墨似乎表达不出来她的雍容华贵。

那么水墨牡丹绘画真正形成风气，是直到明朝中期"吴门四家"的出现。为什么吴门画派喜欢画墨牡丹呢？这和他们的身世遭遇，甚至是人生价值观有着重要联系。在吴门画派中，沈周、文徵明都是出身书香世家，他们淡泊名利，不求富贵，一生布衣。所以他们笔下的牡丹，不用燕脂，不取悦于人，而是直接用水墨落笔成形，直抒胸臆。用水与墨的冲撞来表达对岁月流逝的无奈和青春不再的感伤，他们笔下的牡丹把文人的惆怅和感慨表现得淋漓尽致。唐伯虎的一生更是在失落和贫穷中度过的，他画的水墨牡丹，清高孤傲，不媚世俗，几乎就是他本人的写照。

唐伯虎之后的晚明时期，在水墨牡丹创作上，又诞生了一位特立独行的大师，可以说，他的水墨牡丹创作是前无古人，后无来者，也把这种画法推向了一个高峰，这个人就是泼墨大写意画家徐渭。

明　佚名《明人肖像册之徐渭像》（南京博物院藏）

水墨牡丹绘画盛于明朝，尤其是大写意画家徐渭，他以花喻人，把自身的苦难和对人生的感悟都融进墨牡丹绘画当中，可以说他把墨牡丹的艺术形象提升凝练到一个前所未有的高度。众所周知，艺术来源于生活，又高于生活，就是说艺术作品可以大胆地想象和夸张，那么，在现实世界当中，真的有黑色的牡丹花吗？

清初杰出诗人、文学家王士禛，号渔洋山人，著有笔记体《池北偶谈》一书，在这本书中就有一段关于黑牡丹的真实记载。王士禛说：

> 曹州牡丹，品类甚多，先祭酒府君尝往购得黄、白、绿数种。长山李氏独得黑牡丹一丛，云曹州止诸生某氏有之，亦不多得也。❶

王士禛所说的"先祭酒府君"，就是指他的父亲王与敕，曾经被诰封为国子监祭酒。王与敕出生于山东新城，新城王家在当地是一个官宦世家，王与敕的父亲王象晋，万历三十二年（1604年）中进士，做过翰林、布政使等官职。王象晋喜爱牡丹，曾经编著过一本著名的《二如亭群芳谱》，其中有一章专门介绍牡丹。王与敕深受父亲的影响，也酷爱种植牡丹花，当时曹州盛产牡丹，品种非常多，王与敕不顾路途遥远，专门跑到曹州选购牡丹，买到了黄色、白色和绿色的品种。长山县❷的李氏却幸运地买到一株黑牡丹，这可是曹州的稀有品种，据说这个品种只有曹州生员某氏家拥有，非常珍贵。

❶〔清〕王士禛撰、靳斯仁点校《池北偶谈》（卷二十四），北京：中华书局，1984年，第577—578页。

❷县治现已撤销，并入山东省邹平。

清　禹之鼎《王士禛放鹇图卷》（北京故宫博物院藏）

王士禛在《池北偶谈》中还有一段有关黑牡丹的记载：

> 馆陶人家有墨芍药，与曹州黑牡丹，皆异种。❶

❶
〔清〕王士禛撰、靳
斯仁点校《池北偶
谈》（卷二十四），第
582页。

　　馆陶县在明朝属于山东临清州管辖，说馆陶县一户人家有墨芍药花，和曹州黑牡丹一样，都属于稀有品种。王士禛连续两次提到曹州，说曹州盛产牡丹，那么，曹州位于什么地方？这个地方又是从什么时候开始种植牡丹的呢？

　　曹州隶属于山东省，就是今天的菏泽市，是著名的牡丹之乡。说到山东牡丹，栽培历史十分悠久，其实早在北宋时期，就已经名扬天下了。北宋文学领袖欧阳修写过一部《洛阳牡丹记》，他开篇就说"牡丹出丹州、延州，东出青州"。青州，就是今天的山东省青州市，据说青州早在唐朝就有牡丹栽培了。到了北宋时期，已成为山东最重要的牡丹产地，

❶
〔宋〕欧阳修等著、杨林坤编著《牡丹谱》,第29页。

当年花都洛阳还从青州引进了一种叫作"鞓红"的牡丹。《洛阳牡丹记》就记载了鞓红移植洛阳的经过:

> 鞓红者,单叶,深红花,出青州,亦曰青州红。故张仆射(齐贤)有第西京贤相坊,自青州以驼驼驮其种,遂传洛中。其色类腰带鞓,谓之鞓红。❶

这里的"鞓"，指的是用红色的皮子制成的腰带。青州牡丹的颜色接近这种皮带的颜色，所以就命名为"鞓红"，又叫"青州红"。当时青州知州张齐贤家住在洛阳，他喜爱牡丹，尤其喜爱鞓红，就用骆驼把这个品种千里迢迢驮运到洛阳。鞓红牡丹在洛阳落地生根，很快就名扬天下了。宋以后，青州牡丹全面衰落。直到2007年，青州市申办中国花博会，青州学者冯蜂鸣为了恢复青州牡丹种植，重新寻找著名的鞓红牡丹。他首先奔赴鞓红的"第二故乡"洛阳，冯蜂鸣咨询当地牡丹专家，也找遍了各大牡丹名园，却没有发现鞓红的身影。专家认为，鞓红是个古老的品种，可能早就失传了。冯蜂鸣不死心，又辗转来到山东菏泽，终于在菏泽一家牡丹基地找到了消失已久的鞓红。就这样鞓红这个牡丹名种，在离开"老家"千年以后，又重新回到了故乡青州。

巧合的是，宋人张齐贤就是曹州人，他后来移居到洛阳，住在洛阳的贤相坊。是曹州人把鞓红移栽到洛阳，让这个品种名扬天下，一千年后，又是曹州把这个古老的品种给保存了下来，这也成就了牡丹史上的一段佳话。

从史料记载来看，山东主要有两个地区盛产牡丹，那就是青州和曹州。青州牡丹自宋以后全面衰落，那么曹州牡丹又是如何兴起的呢？关于牡丹种

❶

〔明〕薛凤翔著、李冬生点校《牡丹史》,第71页。

植重心的发展和演变:唐朝盛于长安,宋朝兴于洛阳、陈州,那么到了明朝,亳州成了天下牡丹的栽培要地。园艺家薛凤翔所写的《亳州牡丹史》,是牡丹史上一部十分重要的牡丹谱录,书中详细记载了二百七十多个牡丹品种,其中曹州牡丹品种就不下二十种,他还对其中有九个直接来自曹州的牡丹名品做了详细的描述。比如书中这样介绍"状元红"这个品种的来历:

> 成树,宜阳,蜀《天彭谱》谓重叶,深红,色与鞓红、潜溪绯相类,而天资富贵,彭以冠花品,故名状元。❶

这段话的意思是说,"状元红"这个品种喜欢阳光,能长成大树。陆游的《天彭牡丹谱》记载,状元红是半重瓣,深红色,和鞓红、潜溪绯类似。天生雍容华贵,在花中独占鳌头,所以就用"状元"给它命名。

在这段文字中,薛凤翔还特意交代,这个品种是"弘治间得之曹县,又名曹县状元红"。就是说这个品种在弘治年间从山东曹县获得,所以又叫它"曹县状元红"。

在这里需要对曹州和曹县做一个说明,薛凤祥所说的曹县,即山东省曹县。因为历史上曹县一直隶属于曹州,而且还一度是曹州的驻地,所以在明代所说的曹县,也可以泛指曹州。另外,曹州境内有曹南山,所以古代的文人又把曹州雅称为曹南。

弘治(1488—1505)是明孝宗的年号,《亳州牡丹史》

中有关曹县状元红的这段叙述，是目前曹州牡丹能够追溯到的最早的文字记录，也是大家公认的曹州牡丹的起始年代。到了万历时期，曹州牡丹的种植已经相当繁盛，也培育出很多名品，知名度应该不亚于当时的牡丹中心亳州，而且引起了当时的文化大家邢侗、董其昌等人的关注，大家口口相传，曹州牡丹的名声也不胫而走。这一切都与曹县一位叫作王五云的读书人有着重要关联，那么王五云又是何人呢？

在《亳州牡丹史》中记载了一个牡丹名品，叫"梅州红"，薛凤翔说这个品种"出曹县王氏"。

他这里所说的"曹县王氏"，就是指的王五云的王氏家族。《兖州府曹县志》说：

> 曹之人称世家者，必曰王、李。李氏起自冢宰公，王氏之先，则以左丞也。❶

这段话的意思是，在曹县一带，真正能够称得上世家的人家，也就王家和李家两大家族，这王家说的就是曹县王茂家族。王茂是元顺帝时的进士，在福建行省做过左丞，官居二品。尤其是入明以后，到了五世孙王珣（1440—1508）这一代，王氏家族达到了鼎盛时期，可以说是曹南第一旺族亦不为过。为什么这样说呢？我们先看王珣，他自己在成化五年得中进士。王珣家人丁兴旺，而且教子

状元红

❶〔清〕朱琦修、蓝庚生纂、郭道生增修《兖州府曹县志·人物志》，康熙五十五年增刻，济南：济南世同华印印刷有限责任公司，2019年，点校本，第208页。

有方，他有八个儿子，其中先后有四位考中了进士，一位考中举人。一门五进士，父子同登科，在整个科举史上也是不多见的，这也是王茂家族的高光时刻。王五云，名士龙，是王珣的五世孙。王五云虽然出生在这样一个名门望族、簪缨世家，但是到了他这一辈，尽管博学多才，却屡试不第。后来，还是因为牡丹的机缘，王五云才有机会进入了仕途，得以延续家族的荣耀。这又是怎么一回事呢？

文人一般都有喜好花草的风雅，王氏家族很早就开辟花园种植牡丹，而且早在弘治年间，就培育出了"曹县状元红"这样一个名品。王五云和他的弟弟王士枢也继承了家族好花的基因，他们继续扩大牡丹的种植，不断培育出新奇的牡丹品种。到了万历时期，王家牡丹已经远近闻名，这也引起了当时的著名书法家邢侗的关注。

邢侗可不是一般人物，他是山东临邑人，万历二年的进士。他是一代名士，擅长诗书画，尤其以书法的成就最高，被誉为"晚明的书坛领袖"，当时很多人喜欢他的书法，有的粉丝甚至愿意用等价的黄金来购买。在书法成就上，邢侗与董其昌、张瑞图、米万钟并列为"晚明四家"，书坛还把他与董其昌并称为"北邢南董"。

邢侗在读书学习之余，特别喜爱养花种草，花园里仅芍药就种了好几亩，可是唯独缺少牡丹，这使他感到非常遗憾。后来听说曹县王五云擅长种植牡丹，而且培育了很多珍贵的新品种，邢侗心向往之。

虽然邢侗和王五云没有见过面，但是两家的父辈是朋友，都在京城做官，两家属于世交，所以邢侗就以慕牡丹之名，托朋友专门送信给王五云，向他索要牡丹。邢侗在信中说：

> 吾家园最饶芍药，动以数亩计，顾独乏牡丹。即寥寥数茎，浃岁不花。总花才单瓣，贫薄无重楼富贵之态，且色目多中下，不称名王大国。而乡子庐儿犹谓邢家花事蒇蕤。政如尉佗王不识汉天子，致足羞耳！曹有王五云先生，家多异蓄，于牡丹尤富。闻爨下薪枒间刍杂进不问，而济南生保一花半叶如琼枝。知王先生当无吝分饷之也。敬托周使为绍，乞得数十孤根，散洛阳芳姿于乡里同志，大是快事。异时，曲阑小树，杯酒淋漓，用余沥醉花神，敢不愿先生万年、万年！

❶
〔清〕朱琦修、蓝庚生纂、郭道生增修《兖州府曹州志·物产》（卷四牡丹），康熙五十五年增刻，点校本，第57—58页。

邢侗塑像

明　邢侗《饯汪元启诗》（北京故宫博物院藏）

　　王五云接到文坛大佬邢侗的书信后，也非常高兴，立即答应奉赠牡丹苗，但有一个请求，那就是邢侗回赠一幅书法作为交换。邢侗接到回信的时候，正在省城济南准备科举考试，当即写了一首诗回赠：

言念心期泲水湄，到来一札月中披。

代推马粪谁何氏？身是琅琊第几枝？

白练肯邀题字遍，名花曾许带云移。

槐黄桂子三秋满，迟尔风前烂漫吹。

　　——明·邢侗《月下发曹南王五云书，索予题字，兼许惠牡丹。时以赴举至历下》

　　这首诗中的"白练肯邀题字遍，名花曾许带云移"一句，就交代了以书法换牡丹苗的风流雅事。"白练"是指白色的熟绢，可以在上面写字。邢侗的意思是，我将把白绢写满字赠给你，感谢答应即将把名贵的牡丹和白云一起移栽到我的花园。兴奋之情，溢于言表。

　　王五云因为牡丹与名士邢侗结缘，两个人成了知交好友。王五云虽然饱读诗书，可是在科举之路上特别不顺，邢侗也时常为这位花友的前途着急。当时邢侗与曹县的先后两任知县钱达道和孟习孔都关系密切，万历三十三年（1605年），邢侗专门致函孟习孔，郑重推荐王五云和他的弟弟王士枢，希望这两人能够得到培养提拔，他在信中说：

> 曹实才薮，有如王茂才士龙，笔锋足凌太华，腹笥可拟四溟，束脩擅誉，今尚逐逐子矜，曹大宗师其有以振之也。❶

曹州是文人会聚的地方，王五云的文笔凌驾西岳华山之上，腹中的诗书可比拟四海，是一个品学兼优的人。但遗憾的是，他的才学还没有被发现，直到现在还是一介书生，所以真诚希望您这位大宗师能够助他一臂之力。在信中，邢侗还针对两人的关系做了说明：

> 二君圃富名花，时而分我，我乃借艳阳而订岁寒。❷

邢侗说，王五云兄弟家的花圃里种着很多名贵的牡丹，他经常给我分享这些品种，我们之间就是因为牡丹而结下深厚的友谊。

这是一封十分重要的信函，说这封信重要，主要表现有两点：

一、曹县知县收到信后，就把王五云列为关照对象，不久王五云被推荐为贡生，拿到了直接报送到太学读书的名额。

二、这封信留下文字证明，说明在万历时期，曹州牡丹已经是名品辈出了。

在邢侗的鼎力推介下，王五云顺利进入仕途，先后担任

❶ 谭平国：《邢侗年谱》，上海：东方出版中心，2018年，第439页。

❷ 同上书，第440页。

明　文徵明《木泾幽居图》（安徽博物院藏）

过嘉兴府通判、商州知州等职务。致仕退休以后，在曹县城南筑桃花别墅继续种植牡丹，又培育了不少牡丹新品。王五云对邢侗一直心存感念，他把自己培育的牡丹名品毫无保留地赠送给邢侗。邢侗也投桃报李，经常把得意的诗文书法回赠给王五云，还曾经把一件文徵明的《木泾幽居图》转赠给他。《木泾幽居图》是文徵明晚年山水的精品力作，最为难得的是，卷上还有明代状元、第一才子杨慎的题跋。邢侗非常看重这件作品，一直珍藏在身边。邢侗能够把《木泾幽居图》赠与王五云，也足以看出王五云在邢侗心中的位置。

　　牡丹一直被看作富贵吉祥的象征，王五云因为牡丹结识了文化大家邢侗，最终也因为牡丹而改变了自己的命运。典雅高贵的曹州牡丹给隐居的邢侗带来了精神上的慰藉，接下来，曹州牡丹也因为邢侗而开始名传大江南北。为什么这样说呢？这主要是因为邢侗拥有着一个庞大的文人朋

明《于慎行东阁衣冠年谱画册》(平阴县博物馆藏)

友圈。

　　邢侗是一代名儒，他交际很广，可以说朋友遍天下。他的朋友圈也聚集了当时最为著名的人士，这其中以大学士于慎行、书法家董其昌为代表，他们也因为邢侗与曹州牡丹结下了不解之缘，为曹州牡丹文化的传播做出过重要贡献。于慎行，山东东阿人，他是明代的大学士、文学家、史学家，万历皇帝的老师，也是邢侗的恩师。于慎行于万历二十四年主编了《兖州府志》，在《风土志》中对曹州牡丹留下了这样一段记载：

物产无异他邑，惟土人好种花树、牡丹、芍药之属，以数十百种。❶

❶
〔明〕于慎行主修：《兖州府志·风土志》，万历二十四年刻本。转引李保光、田素义编著《新编曹州牡丹谱》，北京：中国农业科技出版社，1992年，第127页。

于慎行考证说，曹州这个地方的老百姓喜好种牡丹、芍药，已发展到上百个品种了。这是来自官方的记录，虽然没有明确的品种数目，但至少说明万历时期，曹州牡丹种植已经成为地方特色。

今天，在上海奉贤南桥镇，生长着一株近500岁的古牡丹，据奉贤地方志记载，这株牡丹是明代书画家董其昌赠与同窗金学文的。董其昌（1555—1636）少年时就读于松江，和金学文是同窗好友。一年，金家新居落成，董其昌亲笔书写匾额"瑞旭堂"，还将一株绿牡丹和一株粉色牡丹一起赠与老同学。后来绿牡丹因养护不慎枯死了，而这棵粉色牡丹经过二十二代家族传承，直到今天依然年年开花，被誉为"江南第一牡丹"，也被上海市评定为一级古树。

据牡丹史记载，上海在明朝之前并不出产牡丹，那么董其昌赠送的这棵牡丹又是来自什么地方呢？据金家后人讲述，家谱里记载的牡丹来自北方，是董其昌用船经大运河运到上海的。由此来推断，这棵牡丹可能就是邢侗所赠，为什么这样说呢？

明嘉靖三十年（1551年），邢侗出生于山东临邑县万柳村，他天资聪慧，十八岁考取拔贡。万历二年（1574年），年仅二十三岁就考中进士，可谓

清　张淇《董其昌小像》

明　董其昌题匾额"瑞旭堂"

少年得志。后来曾官至陕西太仆寺少卿，官居四品。邢侗人品高洁，刚正不阿，所以根本不能融入万历朝的混乱官场。1586年，年仅三十五岁的邢侗毅然辞官归乡，在临邑老家筹建来禽馆，潜心书画诗文创作。

邢侗是晚明的书坛领袖，他比董其昌大四岁，和董其昌就是因为书法结缘。德州位于南北大运河的交通要道，是水路进京的必经之路，交通十分方便，由于邢侗为人豪爽，仗义疏财，所以各地的粉丝经常慕名来访，董其昌多次到过邢侗临邑的家中，赏《来禽帖》，观牡丹，曾结下深厚的友谊。董其昌也喜爱牡丹，当时邢家的牡丹在王五云的关照下已蔚然大观，分赠家中的牡丹给董其昌也应该是顺理成章的事情了。

正是在这样一个大环境的关照之下，曹州牡丹发展迅速，在万历年间达到繁盛，曹州也最终取代了亳州，成为中国牡丹最大的栽培中心。

上海奉贤南桥镇近500岁的古牡丹

"江南第一牡丹"

见此图标 微信扫码
领略牡丹千年文化艺术史!

牡丹种植业的发展，也相应地促进了文化艺术的繁荣。徐渭与邢侗、董其昌等人都生活在这样一个时代，不过因为个体命运的不同，在艺术创作上追求也不同。徐渭和邢侗、董其昌相比，可谓命运多舛，一生坎坷。徐渭自幼以才名著称乡里，但是在科举道路上却受尽了挫折。徐渭二十岁考中了秀才，之后，他八次参加乡试，始终也未能中举。此外，二十五岁时，家中的财产又被当地的豪绅无赖霸占，一夜之间，他变得一无所有。俗话说，屋漏偏遇连阴雨，第二年，相依为命的妻子得病去世。家破人亡，仕途又无望，徐渭几乎陷入了绝境。后来，他的才华得到直浙总督、抗倭名将胡宗宪的赏识，就加入了胡宗宪的抗倭队伍，成了重要幕僚。胡宗宪后来投靠严嵩，成为严嵩的门生。严嵩下台后，胡宗宪两次被捕入狱，死于狱中。对于胡宗宪的去世，徐渭非常痛心，精神上连遭打击，导致他对人生失去希望，精神开始失常，据说他曾经自杀过九次，后来失手把续弦的妻子杀害，他又被关进监狱，在大狱中待了七年，才被朋友营救出来。

徐渭晚年贫病交加，但他狂狷傲世，不肯向权势、向富贵低头，而是依靠自己手中的画笔，卖画为生。他的绘画以物喻人，物我合一，他把自己悲惨的命运蘸着墨汁，画成了一幅幅水墨淋漓的黑牡丹。在那个世俗的社会里，他贫困潦倒，但是在他的精神世界中，永远没有放弃对真善美的追求。下面这幅水墨牡丹自题诗，就是他高尚品格的真实写照：

明　徐渭《杂花图卷》

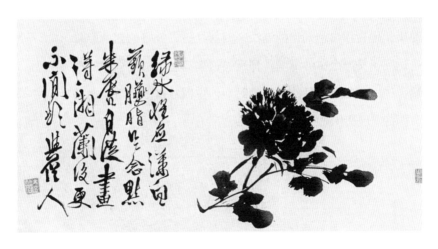

明　徐渭《墨花十二段卷》（北京故宫博物院藏）

五十八年贫贱身，何曾妄念洛阳春。

不然岂少胭脂色，富贵花将墨写神。

——明·徐渭《题墨牡丹》

万历二十一年（1593年），徐渭在穷困潦倒中病逝，终年七十三岁。徐渭的肉体离开了这个世界，但他留下的墨牡丹却在艺术的长河里永远散发着芬芳。

牡丹作为国民之花，也成为文学家艺术创作时的重要借鉴对象，比如明代的《牡丹亭》《三言两拍》都有牡丹的形象出现。《三言两拍》的作者是明朝著名的小说家冯梦龙，他就把牡丹花幻化成美丽善良的花神，写成了著名的白话短篇小说《灌园叟晚逢仙女》。说到有关牡丹题材的短篇小说创作，进入清朝后更是达到了顶峰，有这样一部世界闻名的短篇小说集，作者用出神入化的笔法来刻画牡丹，牡丹的艺术形象也达到了又一个新的高峰。那么，这究竟是一部什么样的小说，作者又是谁？另外，清朝时期，中国牡丹的栽培状况又有哪些发展变化呢？

扫码查看
☑ 配套插图
☑ 走近作者
☑ 趣话牡丹
☑ 牡丹文化

柒

○

花能解语

康熙二十六年（1687年），文坛盟主、诗坛领袖王士禛因为父亲去世，正在山东新城县老家丁忧。这一年春天，王士禛到淄川看望亲戚毕际友，当时毕家邀请家里的西宾，也就是一位中年私塾老师作陪。没想到二人谈诗论文，一见如故，尤其是当王士禛读到这位私塾先生的一卷志怪小说的时候，更是来了兴趣。两人三观相同，有点相见恨晚，干脆秉烛夜谈，因为这次机缘，二人就成了诗文好友。后来，王士禛陆续读完这部小说，他被作者奇幻的笔法和书中生动的故事深深打动，于是挥笔就在书稿后面题下这样一首七言绝句相赠：

姑妄言之姑听之，豆棚瓜架雨如丝。

料应厌作人间语，爱听秋坟鬼唱诗。

"姑妄言之"用的是苏轼的典故，说是苏轼被贬黄州以后，无所事事，喜欢听老百姓谈鬼，有人告诉他世上根本没有鬼，可是苏轼却说"姑妄言之"，也就是随便说说吧。"秋坟鬼唱"用的是唐朝诗人李贺的诗句"秋坟鬼唱鲍家诗，恨血千年土中碧"。王士禛这首诗是说，这部传奇小说虽然在谈鬼说妖，但是反映的却是现实世界，托鬼狐花妖言志，是一部绝妙传奇的好书。

这部志怪小说就是后来名扬天下的《聊斋志异》，私塾先生就是被誉为"世界短篇小说之王"的

王士禛像

蒲松龄。那么蒲松龄究竟是个什么样的人？他为什么要创作这样一部小说？

明崇祯十三年（1640年）四月十六，蒲松龄出生于济南府淄川县蒲家庄，书香世家。蒲松龄自幼聪明而且勤奋，十九岁参加童生试，在县、府、道连考第一名。年轻的蒲松龄文采斐然，出手不凡，如果按这个节奏，在科考上他将一路坦途，很快就可以进士及第、金榜题名了。可是现实生活却给蒲松龄开了一个天大的玩笑。为什么这样说呢？简单回顾一下蒲松龄的科考之路：

1660年，二十一岁，蒲松龄第一次参加乡试，名落孙山。

1663年，二十四岁，蒲松龄第二次参加乡试，铩羽而归。

1666年，二十七岁，蒲松龄第三次参加乡试，再次落榜。

1687年，四十八岁，蒲松龄精心备考，第八次再战秋闱，这一次文章写得十分顺畅精彩，却漏写了一页纸，因为"越幅"犯规，直接被取消考试成绩，再次铩羽而归。

1690年，五十一岁，蒲松龄第九次落榜。

在接下来的1696年、1699年、1702年，年过六旬的蒲松龄依然抖擞精神，积极顽强地筹备乡试，但都无疾而终。仔细算一下，蒲松龄从顺治十七年（1660年）首次参加乡试，到康熙四十一年

元 赵孟頫绘《苏东坡像》

❶

〔清〕蒲松龄著、于天池注《聊斋志异》,北京:中华书局,2015年,第2页。

(1702年),在四十多年的时间里,十多次参加科考,从翩翩少年考到白发老者,是屡战屡败。面对这样一个局面,两鬓苍苍的蒲松龄也发出无可奈何的感慨,"三年复三年,所望尽虚悬"。

考场失意,屡试不第,蒲松龄为了养家糊口,很早就做起了私塾先生。坐馆先生要常年漂泊在外,尤其是到了晚上,孤独一人,寂寞无聊,他就尝试着把以前听到的有关神仙鬼怪的故事整理出来,也把自己对现实的无奈和对美好生活的向往都寄托在小说中的人物身上,就这样积少成多,慢慢地就写成了短篇小说集《聊斋志异》。

虽然《聊斋志异》是一部小说集,按常人的想象,完全可以躲在聊斋中下笔万言,但蒲松龄却不喜欢闭门造车,他曾说:

> 才非干宝,雅爱搜神;情类黄州,喜人谈鬼。闻则命笔,遂以成编。久之,四方同人,又以邮筒相寄,因而物以好聚,所积益夥。
>
> ——清·蒲松龄《聊斋志异·序》❶

在这段话中,蒲松龄要表达的意思是,我的才分虽然比不上志怪小说的鼻祖《搜神记》的作者干宝,却像他一样痴迷搜集怪诞的故事。我的性情很接近苏轼,喜欢听人谈鬼说怪。这个"黄州"代指苏轼,苏轼因为"乌台诗案",曾于元丰三年,被贬

清 蒲松龄像(蒲松龄纪念馆藏)

黄州。到黄州后，苏轼无所事事，就专门去听当地老百姓讲述鬼怪的故事。

蒲松龄接着说，周围的好朋友也都到处搜集鬼怪故事邮寄给我，就这样越积越多，最终写成了《聊斋志异》一书。据说，蒲松龄为了搜集更多的传奇故事，还在村庄前通往省城济南官道的一眼柳泉旁边支起来一个茶摊，过往的客商行人只要能够讲上一段鬼狐的故事，茶水全部免费。蒲松龄除了在家乡想方设法搜集资料以外，他还信奉读万卷书，行万里路，比如康熙十一年（1672年），三十三岁的蒲松龄就和好友同登崂山采风。在崂山，蒲松龄借住在下清宫，他向崂山道士和附近的村民广泛搜集资料，在这里创作完成了《崂山道士》和《香玉》等多篇脍炙人口的聊斋故事。

《崂山道士》大家都比较熟悉，在20世纪80年代初曾拍

蒲松龄故里淄川"柳泉"

香玉

成动画电影，可以说妇孺皆知。那么《香玉》讲述的又是一个什么样的故事呢？

崂山下清宫三官殿前，有一棵高大的山茶树，树龄已有好几百岁，是世上少见的大山茶树。每年隆冬季节，大雪封山，而山茶树却满树碧绿，花开似火，所以得名"耐冬"。在山茶树的不远处，还生长着一棵一丈多高的白牡丹，每年谷雨前后，花团锦簇，清香扑鼻。当年，蒲松龄就借住在这个院子里，和牡丹、山茶为邻，后来就构思出了传奇故事《香玉》。

有一年，胶州有一位黄姓书生喜欢崂山的清静幽雅，就借住在崂山下清宫读书。黄生和白牡丹朝夕相处，白牡丹被黄生的深情所感动，幻化成牡丹仙子香玉与其相会。二人情投意合，就结为连理。后来，白牡丹突然被人挖掘移走，没几天就香消玉殒了。香玉也就从此失踪，黄生痛不欲生，每天大哭不止。黄生的痴情感动了院子里的耐冬树，她幻化成绛雪仙子，一起和黄生怀念凭吊香玉。黄生还在绛雪的帮助下，费尽千辛万苦，终于让白牡丹重生。香玉回归，三个人劫后重逢，结为了莫逆之交。十年后，黄生不幸病死，他也变成一株牡丹陪伴在香玉身旁。但是这棵牡丹却只长叶子，从不开花，小道

清　蒋廷锡绘《香玉》

士觉得养着没用，就随手给砍掉了。不久以后，白牡丹和耐冬树也相继凋零死去。

　　蒲松龄在《香玉》这篇人花之恋的小说中，成功地塑造了三个典型的艺术形象，那就是香玉、黄生和绛雪，其中香玉深情，黄生痴情，绛雪纯情。黄生死后，香玉和绛雪也相继殉情，所以就连作者也感叹："情之至者，鬼神可通！"《聊斋志异》中有很多篇描写人和花神之间忠贞不渝的爱情故事，其中描写牡丹的除了《香玉》，还有一个姊妹篇，那就是《葛巾》。

牡丹国色天香，艳冠群芳，《葛巾》就讲述了一位书生和牡丹仙子传奇的恋情。洛阳有一位书生叫常大用，癖好牡丹，听说山东曹州的牡丹天下闻名，有一年春天，他早早地来到曹州府，等待牡丹花开，连续作了一百首《怀牡丹》绝句。牡丹含苞待放，他的钱却花光了，最后把衣服都典当了，继续等待花开。常大用对牡丹的痴情感动了紫牡丹花神葛巾，她幻化成美丽的少女和常大用相恋相爱。葛巾远嫁洛阳，后来还把妹妹玉版介绍给了常大用的弟弟常大器。不久以后，葛巾、玉版分别给常家生下一个男孩。常大用兄弟喜遇牡丹仙子，婚姻幸福，生活美满，可以说世间少有的神仙姻缘。

可是后来，愚蠢的常大用疑心葛巾来路不明，就偷偷潜回曹州调查，弄清葛巾是牡丹花神转世。葛巾得到这个消息后，伤心至极，她和妹妹玉版一起扔下两个孩子，飘然而去，再不回头。常大用因为用情不专一，结果闹了个妻离子散的悲惨下场，后悔不已。两个孩子被扔到地下以后，就化身成两棵牡丹，一紫一白，所以"自此牡丹之盛，洛阳天下无双焉"。

这篇小说用调侃的方式，讲述了洛阳牡丹是因为从曹州带回来葛巾、玉版以后，才开始名扬天下。众所周知，这是一篇神话故事，但是它所取材的历史背景却是相对真实的，洛阳牡丹从唐宋时期已经天下闻名，而曹州在明清时期则成为牡丹的栽培中心。《葛巾》开篇就说"曹州牡丹甲齐鲁"。的确，曹州自明朝初年开始引种牡丹，经过数百年的发展积淀，到了万历时期，无论是种植面积还是花色品种，曹州都取得了极大发展。明朝著名学者谢肇淛在聊城和东平一带做官，曾经多次到曹州观赏牡丹，在他的专著《五杂组》中，就记录下了当时曹州牡丹的种植盛况。

> 余过濮州曹南一路，百里之中香风逆鼻，盖家家圃畦中俱植之，若蔬菜然。❶

"濮州"就是现在的菏泽市鄄城县，谢肇淛从濮州一路走到曹南，在这一百多里范围之内，牡丹处处盛开，香风迎面扑鼻，就连农民的菜园子里都开满了牡丹花，在曹州种牡丹就像种菜一样。

通过谢肇淛这段文字记录，可以了解，曹州牡丹种植业在明朝万历时期已经十分兴盛了，农民把牡丹当作经济作物，以售卖牡丹养家糊口，士绅开辟牡丹园林花圃，观赏并培育新的品种。崇祯七年进士、曹县人李悦心写下了《购牡丹》诗：

> 生憎南亩课桑麻，
> 深坐花亭细较花。
> 闻道牡丹新种出，
> 万钱索买小红芽。❷

因为种花获利较多，曹州的老百姓都改桑麻为牡丹了。诗中所说的小红芽，指的就是牡丹新品种，这首诗真实记录了明末曹州爱花人士狂热争购牡丹新品的史实，这也是曹州

❶
〔明〕谢肇淛：《五杂组》，上海：上海书店出版社，2009年，第203页。

❷
〔清〕朱琦修，蓝庚生纂、郭道生增修《兖州府曹县志》，康熙五十五年增刻，济南：济南世同华印印刷有限公司，2019年，影印本，第75页。

牡丹兴盛的重要原因之一。

明清交替之际，战火导致老百姓流离失所，大批的田园抛荒，曹州地区的经济和农业种植都遭受到了巨大的破坏。到了康熙时期，经过二十多年的休养生息，曹州牡丹也得到全面复苏，这主要表现在三个方面。

一、牡丹种植面积不断扩大。曹州牡丹的崛起，除了当地深厚的爱花习俗，还有一个重要的原因，那就是当地的自然环境。这主要表现在水土和气候两个方面。水土方面，古曹州位于山东的西南部，全境都处在黄河冲积扇大平原上，属于沙质土壤，碱性强，土质疏松，非常适宜牡丹根部的生长发育。气候方面，曹州位于北温带，春天干燥，夏季多雨，秋天凉爽，冬季寒冷，可以说是四季分明。牡丹原产于我国的西北部高原山区，天性就畏惧湿热，喜欢干燥寒凉，由此来看，曹州对于牡丹，无论天时还是地利上，都是上佳的选择。所以牡丹移栽到曹州，很快就适应了这里的地理环境，不但花大、色艳，而且名品辈出。另外，曹州牡丹根制成的丹皮产量大，药性强，栽培获利高。以上这些因素都积极推动了牡丹的园林种植和商业栽培。

二、牡丹名园倍出。到了万历末年，曹州牡丹集中在现在的菏泽城东、城北一带，放眼望去，连阡接陌，万紫千红。私家花园也是星罗棋布，当时比较著名的牡丹园有何园、赵花园、桑篱园等十多个园子，在这些花园中，何园的牡丹最为出名。何园是著名爱国人士、教育家何思源祖上的花园，又称"何家花园"。何家花园不仅牡丹种植面积大，而且培养的新品种多。何思源的高祖何应瑞，自幼就在这个花园里长大，万历三十八年中进士后，离开曹州，在外宦游、做官。直到二十年后，他才有机会回到阔别已久的家乡，当看到花园里又增添了许多牡丹新品，就挥笔写下了《牡丹》七律一首，前四句是这样写的：

廿年梦想故园花，天到开时始在家。

几许新名添旧谱？因多旧种变新芽。

何应瑞说在外漂泊二十年，经常在梦中梦见故园的牡丹花。在牡丹盛开的季节，终于回到故土。这些年花园的变化太大了，又培育了许多新的品种记录在旧的花谱之上；许多古老的品种，经过嫁接和杂交，也发出了新的嫩芽。何应瑞的这首诗主要通过描写对牡丹的思念，来表达对家乡的深厚感情，这首诗也从侧面见证了曹州牡丹在万历年间的蓬勃发展。根据史料记载，当时的何家花园种植牡丹多达几十亩，品种也有好几百个，还培育出了包括何园白、何园红等许多名贵品种。何家花园长盛不衰，直到今天，依然是菏泽牡丹的重要观赏地。

清初的江宁织造曹寅是著名小说家曹雪芹的祖父，他平生也喜爱牡丹，曾留下来这样的诗句：

可知国色无兼美，

清　蒋廷锡绘《何园白》

何园红

❶
同上。

❷
〔清〕姚元之：《竹叶亭杂记》，北京：中华书局，1982年，第160—163页。

刚数曹州又亳州。

——清·曹寅《城西看牡丹四捷句》

诗词不仅可以抒情、言志，而且还可以证史，曹寅的这两句诗充分说明在明末清初时期，曹州已经替代了亳州，成为天下牡丹栽培中心。所以，康熙时期的《曹县志》说："亳州寂寥，而盛事悉归曹州。"❶

三、第一部曹州牡丹谱录专著问世。康熙七年，山东沾化人苏毓眉到曹州出任儒学学正。苏毓眉是清顺治十一年（1654年）的举人，一生饱读诗书，还擅长丹青绘画。康熙八年（1669年）谷雨前后，曹州牡丹盛开，苏毓眉骑着马游遍了各个牡丹名园，发现曹州牡丹种植面积大，花色品种多，感叹"至明而曹南牡丹甲于海内"，可惜康熙以前还没有人专门写过曹州牡丹谱录。于是苏毓眉就潜心写成了《曹南牡丹谱》一书。《曹南牡丹谱》是有关曹州牡丹最早的一个专门谱录，清朝学者姚元之认为，这部谱录甚至可以和周师厚的《洛阳牡丹记》及薛凤翔的《亳州牡丹史》相媲美，它对于研究曹州牡丹，甚至中国牡丹的发展历史具有重要意义。❷

虽然淄川和曹州同属山东，但蒲松龄一生往西最远也只到达过济南和泰安，也就是说，蒲松龄本人并没有去过曹州，更没有到曹州看过牡丹，那么他又是从哪里来的灵感构思完成名篇《葛巾》的呢？

王家大红　　　　　　　　曹县状元红

原因有如下两点：

其一，早在明末清初，曹州牡丹无论种植面积还是花色品种都已位居全国之冠，可以说声名远播，蒲松龄应当早有耳闻。

其二，王士禛的影响。王士禛的祖父王象晋热爱牡丹，著有《二如亭群芳谱》，其中的牡丹谱对曹州盛产的"王家大红""曹县状元红"等许多珍贵品种都有记录，而且该谱还明确记载了"葛巾紫"和"玉版白"这两种牡丹名品，这应当是《葛巾》故事的最初灵感来源。另外，王士禛的父亲王与敕也喜爱牡丹，他曾经亲自到曹州购买过牡丹苗。由此来看，曹州牡丹在明末清初已经移栽到了蒲松龄的家乡淄博一带，蒲松龄虽然没有到过曹州，但是他对曹州牡丹应当了然于胸。另外，王士禛所著的《池北偶谈》成书于1691年，书中也有多处关于曹州牡丹的记载，蒲松龄把王士禛看作平生知己，

葛中紫

玉版白

这本书对蒲松龄也深有影响。

　　回望三百多年前，曹州牡丹跨越时空和小说家蒲松龄不期而遇，促生了缠绵悱恻的爱情名篇《葛巾》，曹州牡丹也随着《聊斋志异》名传天下。

见此图标 微信扫码
领略牡丹千年文化艺术史！

《聊斋志异》是一项庞大的文化工程，全书一共收录短篇小说四百九十一篇，从康熙初年开始动笔，边写边修改，花费了四十多年，才最终完成。在这个艰难而又漫长的创作过程中，蒲松龄几乎耗尽了心血。蒲松龄一生清贫，书虽然写完了，但根本没有财力刊印出版。他把《聊斋志异》的手稿放在身边，像爱护自己的生命一样护着它。康熙五十四年（1715年），蒲松龄感觉自己将不久于人世，他嘱咐子孙一定要守护好《聊斋志异》手稿。蒲松龄劳苦一生，始终郁郁不得志，但他坚信《聊斋志异》将有大放异彩的那一天。正月二十二日，蒲松龄坐在聊斋书房的南窗下，安然辞世，享年七十六岁。

蒲松龄的人生布满了崎岖坎坷，直到去世，他最放不下的还是《聊斋志异》。这部书稿后来的命运却像极了蒲松龄的人生翻版，在传承的过程也充满了曲折和惊险。那么《聊斋志异》手稿究竟又经历了哪些鲜为人知的故事呢？

蒲松龄去世后，子孙们依然过着清贫的生活，根本没有能力把《聊斋志异》刻印刊行，蒲家子孙就把这部手稿一直秘密保存在蒲家庄蒲家祠堂内。

《聊斋志异》这部小说写尽了人世间的魔幻传奇，故事新奇感人，自从它诞生后就不胫而走，它最初的传播就是以手抄本的方式流传。据说，早在康熙年间就有手抄本流行，现在我们还能看到雍正末年和乾隆年间的不同形式的手抄本。直至乾隆二十六年（1761年），因为一个人的出现，《聊斋志异》终于迎来了命运的大转折，它即将正式出版。那么这个人究竟是谁呢？

青柯亭本《聊斋志异》

这个人就是蒲松龄的同乡赵起杲。赵起杲是什么身份，他为什么要刻印《聊斋志异》呢？

赵起杲（1715—1766），山东莱阳人，出身于一个书香世家。乾隆初年他以贡生起家，因为情商高，办事机敏，所以在仕途上非常顺利。他先在福建任职，在任职期间，偶然得到了一部从山东传过来的《聊斋志异》的手抄本，赵起杲十分喜爱聊斋故事，他发愿一定要把这部书公开刊刻发行。乾隆二十六年，赵起杲调任杭州同知，也就是担任杭州市的副市长。杭州自古繁华，人文荟萃，手工业发达，早在两宋时期，这里就是全国四大刻书中心之一。赵起杲认为时机已经到来，决定在这里启动《聊斋志异》的刻书工作。因为刻书需要大量的资金投入，赵起杲先是捐出自己的工资，后来又典当了自己的家产。乾隆三十一年（1766年），已担任严州知府的赵起杲在严州府衙内的青柯亭里主持完成了《聊斋志异》十二卷的编辑、校订、刻版的工作，他也因为劳累过度而不幸病逝。由于赵起杲把所有的钱财都投进了《聊斋志异》，所以他去世的时候，没有留下任何积蓄，最后还是生前好友一起出钱，把他就地安葬在严州。赵起杲去世时候，还有四卷没有刻印，余下的工作由藏书家鲍廷博等人协助刻印完成。因为十六卷本的《聊斋志异》扉页右下角刻有"青柯亭开雕"五个字，后人就把这个最早的刻本称为"青柯亭本"。

青柯亭

　　山东莱阳赵起杲主持编纂的青柯亭本，是《聊斋志异》最早的刻本，也是后来各种刻板的母本。这部小说正式出版以后，很快风靡天下，家喻户晓。不过遗憾的是，这个时候，聊斋先生已经仙逝五十一年了。

　　清朝同治年间，蒲松龄的七世孙蒲价人带领一家老小到东北讨生活，后来定居在沈阳。蒲价人"闯关东"的时候，随身携带了传家宝《聊斋志异》手稿。在沈阳，经过多年的打拼，生活渐渐安定下来。为了更好地保存书稿，蒲价人还专门请人把手稿装订成两函八册，不过遗憾的是，由于装裱师傅手艺平平，而且粗心大意，在装订的时候，竟然把手稿上端的天头给裁剪得过多，使得手稿中三十一处题跋、校语等字迹被毁坏，这其中就包括多条王士禛的批语，这也给这部世界名著留下了永远无法弥补的遗憾。

　　蒲价人去世后，《聊斋志异》手稿由其长子蒲英灏保管，

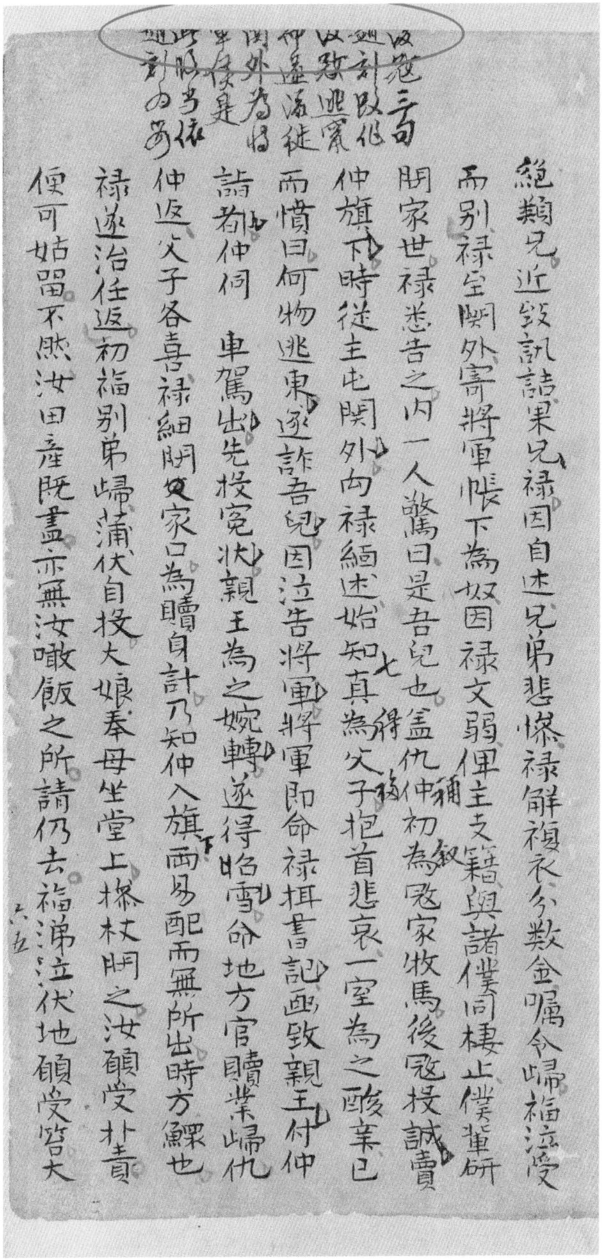
緦麻兄近頗訊詰果兄祿因自述兄弟悲惏祿解複衣分數金囑令歸福泣受
而別祿至關外寄將軍帳下為奴因祿文弱俾主支籍與諸僕同棲止僕輩研
問家世祿悉告之內一人驚曰是吾兒也蓋仇仲初為寇家牧馬後寇投誠賣
仲旗下時從主屯關外向祿緬述始知真為父子抱首悲哀一室為之酸辛已
而憤曰何物逃東遂詐吾兒因泣告將軍將軍即命祿攝書記函致親王付仲
詣都仲伺　車駕出先投冤狀親王為之婉轉遂得昭雪命地方官贖業歸仇
仲返父子各喜祿細問家口為贖身計乃知仲入旗兩易配而無所出時方鰥也
祿遂治任返初福別弟歸匍伏自投大娘奉母坐堂上操杖問之汝願受扑責
便可姑留不然汝田產既盡亦無汝啖飯之所請仍去福涕泣伏地願受笞大
六五

《聊斋志异》手稿的天头被裁剪毁坏

蒲英灏虽然尽心尽力，可是这部珍贵的书稿在他手中却遭遇了灭顶之灾，最后仅仅剩余半部四册。那这又是怎么一回事呢？

蒲英灏青年时期从军，后来供职于盛京将军依克唐阿幕府。依克唐阿听说蒲英灏是蒲松龄的后人，而且家中还藏有《聊斋志异》手稿，所以他就向蒲英灏借阅。虽然手稿从未外借过，但顶头上司张口，这个面子不得不给。只是蒲英灏也留了一个心眼，他先把其中的半部四册借给了依克唐阿，答应这四册读完后再借剩下的半部。依克唐阿看完半部后，顺利归还，蒲英灏又把余下的半部拿出来。没想到，依克唐阿进京公干，突然患病去世，就这样借出去的那半部手稿从此泥牛入海，至今下落不明。

蒲英灏没能守护好祖传的手稿，在懊悔和遗憾中度过余生。《聊斋志异》手稿最后传给了小儿子蒲文珊，在伪满洲国和日伪时期又差一点落入日本人之手，1951年，蒲文珊决定将祖传的《聊斋志异》半部原稿捐赠给国家。经著名文物鉴定家杨仁恺先生鉴定，为蒲松龄先生真迹无疑，现在这半部手稿就珍藏在辽宁省图书馆。

《聊斋志异》历经三百年劫难，书稿在流传过程中也充满了曲折和坎坷。目前，这半部手稿是中国古典文学名著中唯一存世的作家手稿，保存下来的手稿分别是一、三、四、七册，共收录小说二百三十七篇，其中二百零六篇是蒲松龄亲笔真迹，其余

依克唐阿像

庫官

邹平張單束公奉官祭南岳道出江淮間將宿驛亭前驅白驛中有怪異宿
之必致紛紜張怫聽分咎劍而坐俄間群響入則一碩白如兔紗黑帶怪
而閒之吏稽首曰我庫官也為大人典藏有日矣辛卻錢遂臨下官輕此重
瓜閒庫存我何答言二萬三千五伯金張由方在行數多金眾累纍多
公庭
果宇地歸時可便壁驅身夾唯之而退張至南中覷遺頒豐及諸宿驛亭吏
復出謂之閒庫物曰已撥違東兵餉笑深諸其前後之年束曰人世祿命哉
有頻歎銘銖不能增損大人此行應得之數已得矣又何求言已竟去張乃
計其所獲與所言庫數違相脗合方嘆欽啄有定不可以妄求也

蒲松齡門人弟子代抄

聊齋志異一卷

芳城隍

予姊丈之祖宋公諱燾邑庫生一日病卧見吏人持牒牽白顧馬來云請赴
試公言文宗未臨何遽得考更不言但敦促之公力病未從去路皆生眺生
一城郭如王者都移時入府廨宮室壯麗上坐十餘官却不知何人惟關壯繆
可識簷下設几墩各二先有一秀才坐其末公便興連肩几上各有筆札俄題
紙落下視之八字云二人二人有心無心二公文成呈殿上公文中有云有心為善
雖善不賞無心為惡雖惡不罰諸神傳讚不已名公上詣曰河南缺一城隍苦
稱其職公方悟悟首泣曰辱膺寵命何敢多辭但若母七旬奉養無人請得

蒲松齡親筆手稿

的三十一篇为门人弟子代抄。

聊斋是什么意思？有人认为"聊"就是聊天，就是蒲松龄在这个书房里和朋友们神聊、神侃妖魔鬼怪故事，然后再进行小说创作。其实这是望文生义，完全曲解了蒲松龄的本意。"聊"在文言中是"姑且、暂且"的意思，聊斋出自北宋文学家苏辙的"况复非吾庐，聊尔避风雨"的诗句。蒲松龄其实很早就有了达则兼济天下的抱负，他认为在蒲家庄这个书斋里只是暂时的停留，聊避风雨而已，有朝一日，还要展翅高飞，这应当才是"聊斋"的本意。

说到"聊避风雨"，其实就在蒲松龄之后，一位著名的艺术家也把书房命名为"聊避风雨"斋，那么这位艺术家究竟是谁？他与国花牡丹又将会产生哪些有趣的故事呢？

扫码查看
☑ 配套插图
☑ 走近作者
☑ 趣话牡丹
☑ 牡丹文化

捌

○

十分春色

蒲松龄之后，又有一位艺术家把自己的书斋命名为"聊避风雨"斋，那么这位艺术家究竟是谁呢？他就是清代"扬州八怪"的代表性人物、著名画家郑板桥。郑板桥是扬州八怪中在社会上知名度最高的艺术家，他擅长书法，人称"六分半书"，又擅长绘画，一生最拿手的题材就是兰、竹、石，他的名句"四时不谢之兰，百节长青之竹，万古不败之石，千秋不变之人"，就是对自己绘画题材的一个概括。除了绘画，郑板桥的书法诗词作品也多是表现梅、兰、竹、菊四君子的题材，而很少涉及牡丹，但在山东郓城县博物馆却珍藏着一幅《咏牡丹》诗轴，下面我们一起来欣赏：

十分颜色十分红，顷刻名花在眼中。

富贵若凭吾笔底，不愁天起落花风。

郑板桥出身贫寒，一生同情贫苦百姓，他在诗中说：牡丹是名花，代表富贵，如果我画的牡丹能够给老百姓带来幸福安

郑板桥故居"聊避风雨"斋

十分颜色十分红，顷刻花开在
眼中。富贵者凭吾笔底，不输天
起落荣枯风。

亳堂老人主于南城浮沤馆属
板桥郑燮题以补之

清　周榘绘《郑板桥像》（荣宝斋藏）

清　李鱓"神仙宰相之家"印

康，那么就"不愁天起落花风"了。这首诗的整体意思，就是表现作者对下层百姓的同情之心。

我们接着再来欣赏下面的一段题跋：

> 复堂老人画于南城浮沤馆，嘱板桥郑燮题以补之。

通过这段跋可以了解，原来有一位复堂老人画了一幅牡丹，邀请郑板桥题写了这首诗。可是后来不知道什么原因，题诗和画一分为二，单独流传了。那么这位复堂老人是谁呀？

说起这位复堂老人，他原名叫李鱓，也是扬州府兴化县人，和郑板桥是真正的同乡。不过，他出生于1686年，比郑板桥大了七岁。虽然两人年龄相近，同居一城，不过他们的出身可有天壤之别。李鱓出身于官宦世家，是明代状元宰相李春芳的第六世孙，一出生就过着锦衣玉食的生活。李鱓自幼喜爱绘画，十六岁的时候已经名动乡里了。康熙五十年（1711年），李鱓高中举人。当时他才二十六岁，正是翩翩少年，可谓春风得意，前途不可限量。果然，三年后，李鱓得到一次面见康熙皇帝的机会，他当面献画，康熙认为李鱓是个可造之才，就下旨让他跟随著名的宫廷画家蒋廷锡学画，在南书房行走。李鱓可以说平步青云，是一朝成名天下知。当时郑板桥二十二岁，还在家中苦读，李鱓无疑成为郑板桥眼中最耀眼的明星，也想有一天通过绘画来改变命运，这也是少年郑板桥开始学习绘画的原动力之一。再说李鱓进入宫廷，本来可以画求贵，可是他的画风偏向野逸，又不肯接受宫廷画派富丽堂皇的画法，康熙五十七年，李鱓被驱逐出宫。

关于这次变故，民间还流传着一个传说，说是康熙生日这一天，群臣献画祝寿，李鱓画了一幅老鹰捉鸡图，这幅画惹怒了康熙，为什么呢？因为康熙属鸡，这下场可想而知。当然，康熙生于1654年，属马，所以这个故事根本不成立，不过这也从另一方面说明，李鱓在宫里不善于应酬，按今天的话来说就是情商不高，被驱逐出宫也是情理之中的事。

雍正八年（1730年），李鱓又被召回宫廷，这一次跟随宫廷画家高其佩学画，可是李鱓倔强的个性和野逸的画风早已形成模式，很难改变，不久又被逐出皇宫。李鱓第三次被起用，已经到了乾隆二年（1737年），这一次他被朝廷任命为山东临淄知县，一年后又改任山东滕县知县，可是最终还是因为没有处理好上下级关系，再次被罢免。"两革功名一罢官"，李鱓心灰意冷，回到老家兴化的时候，已经是六十岁的白发老翁。这个时候，家里的田产也被折腾得所剩无几，为了维持生活，他被迫到扬州卖画，和郑板桥结为好友，后来也成为扬州八怪代表性的画家。李鱓的绘画题材主要是花卉、竹石和松柏，他晚年为了生活，也画过不少牡丹题材。这幅牡丹绘画《一堂富贵》画于乾隆十三年（1748年），是李鱓晚年的作品。他这个时期的画风深受画家石涛的影响，都是粗笔写意，挥洒自如，画面笔墨淋漓，气势充沛。巧合的是，这幅牡丹图上抄录的诗句正是郑板桥的《咏牡丹》诗。

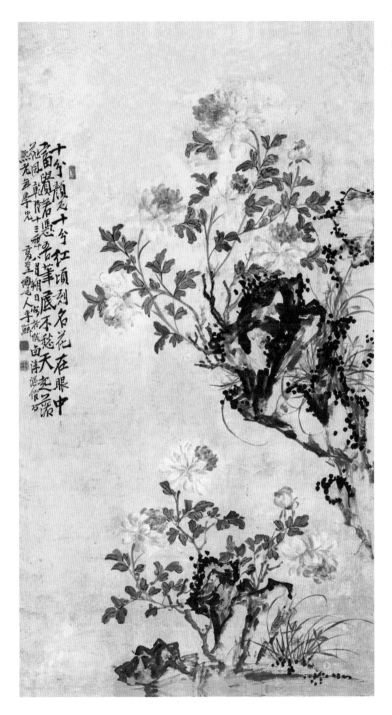

十分颜色十分红 顶刻名花在眼中
富贵尊崇君莫恼 天公经营不惜工

李鱓经历了两革功名一罢官，他的仕途就像过山车一样跌宕起伏，充满了变数，郑板桥和他相比，也有过之而无不及。

郑板桥二十岁左右考中秀才，因为家中贫穷，先是做了长达十年的私塾先生，后来又跑到扬州卖了十年画谋生，直到雍正十年（1732年），四十岁的郑板桥才考中了举人。乾隆元年，四十四岁的郑板桥一鼓作气，进京赶考，得中进士。为此，郑板桥还专门请人刻了一方印章，"康熙秀才、雍正举人、乾隆进士"，以纪念自己艰难的科举之路。中进士之后，郑板桥又苦苦等了六年，直到五十岁，他才有机会谋得第一份工作，就是到盛产牡丹的曹州府下辖的范县任知县。郑板桥在范县工作了五年，留下了大量的诗词和绘画，但遗憾的是，却没有发现任何和牡丹相关的题材。据统计，郑板桥存世的书画约有一千幅，也仅仅发现了一幅水墨《牡丹兰蕙图》，画面上还用板桥体写下了这样一首诗，下面我们一起欣赏：

　　此是人间富贵花，山头脚下傍兰芽。

　　古今有德方成福，君子贤人共一家。

这幅画用纯水墨画成，和画中的石、兰、草相比，牡丹笔法就显得有些稚嫩，甚至生疏，显然郑板桥确实不太擅长画牡丹。

虽然郑板桥书画题材很少选择牡丹，但是他来到曹州府工作的时候，曹州牡丹已逐步进入了全盛期。

清　郑板桥印章"康熙秀才雍正举人乾隆进士"

清 郑板桥水墨《牡丹兰蕙图》

此是人间富贵花，莫以山头与脚下，养兰多石画地方无福君子贤人兴一家。谁家

振揩郑燮

蒲松龄在《聊斋志异》开篇就说"曹州牡丹甲齐鲁"，的确，进入清朝，曹州已当仁不让地成为天下牡丹的栽培中心，康熙五十五年（1716年）《曹县志》就明确记载：

> 尝考牡丹至宋始盛，初盛于洛下……再盛于亳州……至于今，亳州寂寥，而盛事悉归曹州。❶

牡丹繁盛最重要的标志之一是有文人参与的牡丹谱的诞生。康熙七年（1668年），曹州儒学学正苏毓眉在认真考察曹州各大牡丹园以后，创作完成了《曹南牡丹谱》，记录各色牡丹七十七种。

《曹南牡丹谱》是曹州历史上第一部牡丹谱录，但它并不是最完备的一个牡丹谱。一百二十年后的乾隆末年，一位著名学者、大书法家的到来，才促生了曹州历史上最为重要的一个牡丹谱《曹州牡丹谱》。这位学者就是内阁学士、《四库全书》的纂修官翁方纲。

乾隆五十七年二月，山东学政翁方纲来曹州视察教育工作。曹州牡丹名声远扬，可惜翁方纲来的时候还不是牡丹花季，他就交代曹州重华书院的讲席老师余鹏年，让他给曹州牡丹修谱。余鹏年是安徽怀宁人，举人出身，博学多才。乾隆五十六年，应邀来到曹州重华书院任教。余鹏年牢记翁方纲的嘱托，当年花开的时候，他就亲自组织了一批曹州当地比较了解牡丹的人士和知名的牡丹花匠，走遍当地的牡丹名园，经过详细的调查研究之后，写成了《曹州牡丹谱》，记录了五十六个牡丹品种，其中大部分都是康熙以后培育的牡丹

❶

〔清〕朱琦修、蓝庚生纂、郭道生增修《兖州府曹县志·物产志》，康熙五十五年增刻，点校本，第58页。

新品。

　　翁方纲看到这份记录翔实、史料扎实的《曹州牡丹谱》后，十分高兴，就专门题写了三首诗相赠。

翁方纲像

　　玉瑾如结黍苗阴，壤物深关树艺心。
　　何事思公楼下客，花评不向土圭寻。

　　细楷凭谁续洛阳，影园空自写姚黄。
　　挑灯为尔添诗话，西蜀陈州陆与张。

　　我来偏不值花时，省却衙斋补谢诗。
　　乞得东州栽接法，根深培护到繁枝。

　　乾隆癸丑夏四月朔，北平翁方纲书于曹南

清　翁方纲《题曹州牡丹谱三首》

使院之西斋。

——清·翁方纲《题曹州牡丹谱三首》

第二首中"细楷"指的是小楷书法,"影园"指的是扬州著名的私家园林,翁方纲在这首诗中感叹:现在没有人能够再用纤细的小楷来续写欧阳修的《洛阳牡丹记》了,所以珍贵的姚黄牡丹白白地在花园里自开自落。但是看到你所写的《曹州牡丹谱》,我就连夜挑灯为你题写诗话。可以说这部牡丹谱的成就,可以和陆游在西蜀四川所写的《天彭牡丹谱》,还有张邦基的《陈州牡丹记》等量齐观。

翁方纲认同余鹏年严谨的治学态度,高度赞扬《曹州牡丹谱》,这部花谱是现存最全面的关于曹州牡丹的文献记录,后人也把它和薛凤翔的《亳州牡丹史》看作明清中国牡丹史上最为重要的两部著作。但是因为编纂成书仅用了一个多月,可以说相对仓促,书中对有些文献的解读出现了一些偏差。比如谱中介绍豆绿牡丹的时候,余鹏年引用薛凤翔的《亳州牡丹史》解释为:"豆绿,出自亳州邓氏"。其实这段话出现了明显的误读,为什么这样说呢?薛凤翔在原文中是这样写的:

> 金玉交辉,此曹州所出,为第一品。曹州亦能种花,此外有八艳妆,盖八种花也。亳中仅得云秀妆、洛妃妆、尧英妆三种,云秀为最。更有绿花一种,色如豆绿,大叶,千层起楼,出自邓氏,真为异品,世所罕见。❶

❶ 〔明〕薛凤翔著、李冬生点注《牡丹史》,第45—46页。

豆绿

　　从薛凤翔的上下行文语气不难看出，这一大段话都是在讲述亳州如何引种曹州牡丹，所以豆绿应该出自"曹州邓氏"，而并非"亳州邓氏"。余鹏年的这个误判，确实给后来研究豆绿牡丹品种的出现时间和产地都带来了困惑，一直到现在还争论不休。当然瑕不掩瑜，总体来看，《曹州牡丹谱》体例严谨，文字精练，是第一部全面介绍菏泽牡丹的专谱，在中国牡丹史上也占有重要地位。

　　从牡丹发展史来看，牡丹谱录是一个地方牡丹发展繁荣的重要标志，从康熙初年的《曹南牡丹谱》到乾隆末年的《曹州牡丹谱》的相继诞生，预示着曹州牡丹栽培进入了全盛期。这个时期的曹州牡丹南下广东，北上京城，在全国很多地方都留下了生长的痕迹。比如，下面要介绍的这棵三百多岁的"陪嫁牡丹"，就是曹州牡丹在明清时期北上的活化石。

要想了解这棵牡丹，还得要从清王朝的满蒙联姻制度说起。

清朝建立后，为了巩固统治，实行南不封王、北不断亲的政策，核心内容就是满蒙联姻，以巩固北部边疆。从清太祖努尔哈赤就开启了通婚政策，在近三百年的时间内，清皇室约有四百三十二位公主、格格出嫁给蒙古王公贵族。

顺治十五年（1658年）七月，顺治皇帝为了巩固北部边疆，把皇室固山格格下嫁给蒙古喀喇沁部乌梁海氏的额琳臣为妻。顺治皇帝除了赏赐大批的金银珠宝、绫罗绸缎以外，还特意把御花园中的一棵名贵牡丹赏赐给了固山格格，祝福格格的生活幸福美满。就这样，这株牡丹从北京来到塞北的严寒之地，落地生根，开花结果。在接下来的岁月中，额琳臣和固山格格的后人乌氏家族一直把"陪嫁牡丹"当作传家宝，即使后来家道中落，乌氏家人也依然不离不弃，一直把养护"陪嫁牡丹"当作家族的重要职责。

陪嫁牡丹

大胡红

❶
参见乌傲菊：《三百年陪嫁牡丹》，香港：中国文化出版社，2015年，第8—11页。

在乌氏十几代人的精心呵护下，陪嫁牡丹历经三百六十多年的风雨沧桑，直到今天，这棵生活在赤峰市宁城县的"陪嫁牡丹"仍旧枝繁叶茂，花香袭人。

因为年代久远，乌家后人对这棵陪嫁牡丹的基本情况已十分模糊，为了弄清楚这棵牡丹的品种和来历，1998年5月，赤峰市专门委托中国牡丹芍药协会对陪嫁牡丹进行鉴定，经过北京林业大学教授王莲英、袁涛和菏泽牡丹专家赵弟轩的确认，并出具证书，认定宁城陪嫁牡丹属于大胡红品种，是我国传统牡丹的优良品种之一，该品种应当来自牡丹产地山东省菏泽市。❶

2018年7月，菏泽牡丹专家赵孝庆受邀到赤峰考察，他再次对陪嫁牡丹进行鉴定。赵孝庆确认这棵古老的牡丹属于胡红系列中的"宝楼台"品种，俗称"大胡红"。

陪嫁牡丹从山东菏泽进献到北京，再移栽到内蒙古的赤峰，到今天算来至少已有三百六十五年的历史了。它目睹了清王朝的兴衰，其间也为巩固边疆，维护民族团结、祖国统一做出了贡献，所以我们说这棵陪嫁牡丹已经超越了生物学的意义，而成为我国历来统一的多民族国家的见证者。

说赤峰的这棵陪嫁牡丹原产地为山东菏泽，有什么证据吗？具体如下：

一、胡红是菏泽保留下来的传统精品牡丹品种，在《曹南牡丹谱》和《曹州牡丹谱》中都有详细记录。

二、紫禁城御花园有许多古老的牡丹品种来自菏泽。早在明末清初，曹州牡丹已经行销大江南北，优异品种则敬奉北京皇家宫苑。《清史稿》就明确留下了山东菏泽进献牡丹的记录：

张伯驹

（高宗二十九年冬十月）辛丑山东进牡丹。
——赵尔巽总纂《清史稿·本纪十二》
（高宗本纪三）

曹州牡丹精品源源不断地供奉皇宫，从这里又开枝散叶，走向全国各地，比如大收藏家张伯驹就因此和曹州牡丹结缘。

张伯驹先生是著名词人、收藏大家，他一生喜爱花草，在旧居丛碧山房里就辟有专门的牡丹园。丛碧山房原名似园，张伯驹于1925年购得。这座宅子占地十三亩，位于北京市东城区皇城根下，据说这里曾经是大太监李莲英的别墅，院子里的牡丹都是从皇宫移栽出来的，已经有近两百年的花龄。

1946年，隋朝展子虔的《游春图》从长春伪皇宫流落到北京琉璃厂书画商手中，待价而沽。当时因为经费紧张，故宫博物院无力收购《游春图》，这件国宝级的绘画随时都有流落海外的可能，张伯驹先生为了抢救中国现存最早的山水画《游春图》，被

❶
张伯驹:《张伯驹词集》,北京:中华书局,1985年,第184页。

张牧石刻"牡丹状元"

清 蒋廷锡绘《大红剪绒》

大红剪绒

迫把丛碧山房卖给了辅仁大学,用卖宅子的二百两黄金换得了《游春图》的一世平安。在搬离丛碧山房的时候,张伯驹特意移走了院子里最心爱的三棵牡丹,一棵名字叫大红剪绒,另外两棵名字叫藕荷裳。这三棵牡丹跟随张伯驹先生来到位于海淀郊区的承泽园。1956年,张伯驹定居后海南沿,三棵牡丹就从郊区跟随主人被重新移栽到后海。张伯驹精心养护这三棵牡丹,每年谷雨以后,牡丹花开,满园飘香。每逢这个季节,张伯驹先生就邀请诗词界的名家周汝昌、徐邦达和萧劳等人,在牡丹小院里举办诗词雅集。大家对花当歌,诗词佳句频出。然后再密封起名字,评判出状元、榜眼和探花。一次张伯驹先生高中状元,学生张牧石专门刻下"牡丹状元"的印章以作纪念。

1961年,张伯驹潘素伉俪一起到吉林省长春市工作,十年后回家,这三棵牡丹仅剩下一株藕荷裳了。张伯驹先生面对着断壁残花,无限感慨,填词《瑞鹧鸪》一阕,上片写道:

不见剪绒簇簇红,金铃谁复护芳丛。

可怜薄命依荒宅,那忍深恩梦故宫。❶

这阕词中,因为没有看护好这几株牡丹,张伯驹深深地懊悔。这三棵牡丹被留在荒凉的老宅里自生自灭,真是对不起故宫御花园的培育之恩。张伯

隋　展子虔《游春图》(北京故宫博物院藏)

展子虔遊春圖

驹先生精心照顾这棵藕荷裳，牡丹也好像理解主人的心意，每年都开得花团锦簇、五彩缤纷。

关于藕荷裳的品种和来源问题，曾邀请牡丹专家赵孝知先生鉴赏。赵孝知认为这棵牡丹是一个古老的品种，原名应叫锦帐芙蓉，这个品种应该是菏泽当年进献给清宫的。对于藕荷裳这个牡丹名品来源于菏泽，博学多识的张伯驹先生是应该有所了解的。1974年，谷雨过后，院中的藕荷裳如约盛开，这一年的牡丹花大如斗，足足开了有六十多朵，看着这棵来自山东菏泽的古老牡丹依然生机勃勃，张伯驹先生即兴赋诗《小秦王》❶：

张伯驹题藕荷裳花瓣

❶
同上书，第237页。

> 过眼盛衰亦刹那，曹州更比洛阳多。
>
> 残英落并杨花落，出塞明妃雪满驼。

张伯驹与藕荷裳合影

清　蒋廷锡绘《锦帐芙蓉》

锦帐芙蓉

　　了解了郑板桥的书法《咏牡丹》，以及曹州牡丹发展和传播状况后，再回到这件《咏牡丹》诗轴上来。那么，郑板桥的这件书法作品又是怎么被郓城县博物馆收藏的呢？要想了解这背后的故事，那必须介绍一位郓城籍的爱国收藏家夏溥斋先生。

　　夏溥斋（1883—1965），名继泉，山东郓城人，他是清末爱国将领夏辛酉之子。夏辛酉（1843—1908），在清同治七年，追随左宗棠当兵。同治十三年，沙俄为分裂中国，在新疆蓄意挑动少数人造反，夏辛酉奉命追随左宗棠征剿，先后二十年，身经百战，屡建奇功，被左宗棠委以重任。清光绪二十年（1894年），中日甲午战争爆发，夏辛酉奉命防守登州，任水师长官。在甲午之战中，夏辛酉作战勇敢，亲自指挥击沉日舰两艘。清光绪二十六年（1900年），八国联军入侵中国，夏辛酉率兵英勇保卫京城。北京失守后，夏辛酉又誓死保卫家乡山东，使八国联军入侵齐鲁大地的阴谋始终没有得逞。因作战有功，朝廷赏赐黄马褂、头品顶戴，记名云南提督。夏辛酉一生都在为抵御外侮、保家卫国操劳，1908年，疾病突发，在曹州府巨野县的军营驻地去世，留下一世英名。

　　夏溥斋出生在这样一个家庭，自幼受到良好的教育，后来通过科举取士，在清末曾出任直隶知州、江苏知府，还担任过山东团练副大臣等职务。辛亥革命爆发，二十七岁的夏溥斋被公推为山东省各界联合会会长，他亲手摘下了山东巡抚孙宝琦的顶戴花翎，宣告山东独立。后来投身教育事业，1923年，参与创办东鲁大学，出任校长一职，还联合著名学者梁漱溟积极筹备成立曲阜大学。"七七事变"以后，日本侵

夏溥斋像

猿啸青萝琴

略者想方设法拉拢夏溥斋，劝他参加伪政权，给日伪服务，先后提出让他出任山东省省长、教育督办等一些职位，夏溥斋严词拒绝。新中国成立后，夏溥斋积极响应政府号召，为支援国家经济建设，购买公债五万元。抗美援朝时期，他又捐献人民币四万元，用来购买飞机大炮。夏溥斋一生历经晚清、民国，再到新中国。他的后半生立志于佛教研究，是我国著名的佛教学者，他曾汇集整理出版了十多部佛教典籍，为我国的佛学教育做出了重要贡献。

除了在佛学方面有极深的造诣以外，夏溥斋先生还是一位著名的文物收藏家，他精通音律和金石书画鉴赏，收藏了大批的古琴、书画和佛教造像。他善于操琴，是公认的山东诸城派的古琴大家，著名琴家管平湖在他面前执弟子礼。夏溥斋与管平湖认识于1950年，他非常赏识管平湖的才气，当时管平湖正在研究失传已久的千古名曲《广陵散》，夏溥斋为了激励管平湖，答应一旦打谱成功，他将把自己收藏的西晋猿啸青萝琴相赠。1956年，管平湖终于把《广陵散》曲谱打了出来，这个消息轰动当时的中国音乐界。夏溥斋也立刻兑现承诺，把心爱的猿啸青萝琴慨然赠予管平湖。宝剑酬知己，这也成就了一曲当代的高山流水觅知音的佳话。

1977年，"航行者"号太空船上天，太空船上携带了一张叫作"地球之音"的金唱片，共录制世界名曲二十七段，其中代表中国的就是管平湖所演奏的古琴曲《流水》，这也使中国古琴第一次真正响彻太空。据说这首古曲就是用夏溥斋相赠的猿啸青萝琴弹奏的。

1956年，夏溥斋先生把古代石刻等十一件重要文物捐赠给北京故宫博物院。其中明朝《木雕画彩罗汉坐像》一件、汉李固残碑一件、大魏兴和石像一件、芋王玉印一件、唐木刻罗汉像四件、汉出土玉砚一件、元王安道小青柯坪石砚一件、湘妃竹折扇一件。

1960年以后，已至暮年的夏溥斋决定要把自己毕生收藏的书画、古琴等珍贵文物陆续捐赠给国家，其中把北宋刘安世所造七弦古琴等九件文物捐赠给了北京历史博物馆，捐赠给山东省博物馆文物六十件，又把剩余的三百件历代珍贵书画捐赠给自己的老家郓城县文化馆。这其中就包含两件郑板桥的书法精品，一件是《刘禹锡七律》诗轴，另一件就是今天专门介绍的《咏牡丹》诗轴。就这样，郑板桥的《咏牡丹》诗轴来到了他曾经工作和生活过的古曹州，来到了天下闻名的牡丹之乡，与菏泽这片热土再续前缘。

民国时期，社会动荡，民不聊生，牡丹种植业和牡丹文化都受到重创，种植面积锐减，一些珍贵的牡丹品种也岌岌可危。中华人民共和国成立后，牡丹得到新生，尤其是山东菏泽，目前牡丹的种植面积已近五十万亩，花色品种也增加到一千二百八

《木雕画彩罗汉坐像》（北京故宫博物院藏）

十个。另外，牡丹浑身是宝，根是著名的中药材"丹皮"，花可以食用，可以做茶，也可以提取精华，制成养颜美容的化妆品。近些年又发现，牡丹花籽出油率高，营养价值大，现在已经成为一种新兴的高端食用油料。

回望牡丹的发展历史，从山野走进园林庭院，从药用发展为花卉观赏，已经有两千多年的历史，而且早在唐宋时期就被认定为国民之花。牡丹雍容典雅，国色天香，已成为国家繁荣昌盛和人民幸福安康的象征，相信随着国家的不断强盛，牡丹将开得越来越美！

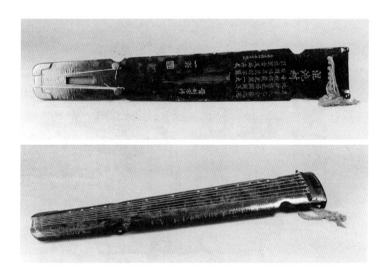

北宋七弦古琴

见此图标 微信扫码
领略牡丹千年文化艺术史！

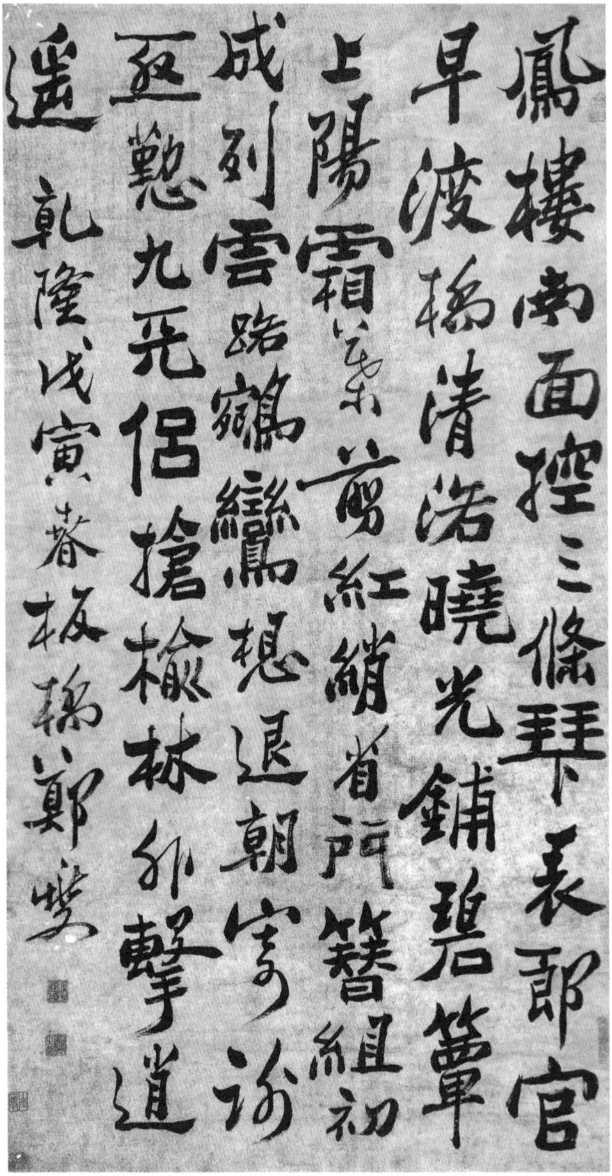

鳳樓南面控三條拜下壼衰郎官
早渡稀清洛曉光鋪碧簟
上陽霜剪紅綃省府簪組初
成列雲踏鸞想退朝雲詠
逐懇九苞侶搶榆林外擊道
遙乾隆戊寅春板橋鄭燮

　　我 20 世纪 70 年代初出生于山东省菏泽市曹县一个普通的小村庄，那个时候村子的最南边有一块十几亩地大的试验田，田里种满了梨树、杏树、苹果树和木瓜树，村里人都叫它林园子。春天一到，满园花香，这林园子就成了我童年时期的"百草园"。记得在园子西北角，种了一大片芍药和一些牡丹，每年谷雨前后，牡丹、芍药竞相开放，尤其是牡丹，花大色艳，花香扑鼻，我和小伙伴经常来到牡丹大田里疯玩，一待就是大半天。牡丹是我童年时期见过的最大最美的花朵，也是故乡给我留下的最为美好的春天记忆，以至多年后，每逢谷雨时节，童年故乡的那一大片牡丹、芍药还时常会涌现在梦中，无声地温暖着我的乡愁。

　　后来，我到北京求学，逐渐走上了艺术的道路，在中国悠长的艺术史长河中与牡丹更是不期而遇。牡丹自古是艺术家讴歌赞美的对象，在对牡丹历史的研究中，长安、洛阳、陈州、菏泽等地的牡丹先后走进我的研究视野。长安牡丹在唐朝独领风骚；北宋时期，洛阳牡丹一骑绝尘；到了明清，安徽亳州和山东菏泽则相继成为天下牡丹栽培中心。亳州牡丹兴盛于明中期，明朝末年逐渐式微。菏泽牡丹历史悠久，花色品种众多，尤其明清以后，一直到今天，菏泽都是中国牡丹的栽培重地，历史上许多文学家、诗人、画家为它着迷，以菏泽牡丹为吟诵对象，创作出大量优美的艺术作品，这也让我时常为家乡的牡丹骄傲。

　　从 2017 年开始，我在央视《百家讲坛》开讲美术史系列专题，当时就有这样一个想法，就是要争取专门录制一个以牡丹为题材的讲座，让更多的人了解中国牡丹，了解牡丹艺术史。经过多年的沉淀和积累，在《百家讲坛》李锋老师的协助下，我于2021年上报了一个新选题，决定录制牡丹专题，这个专题的名字就叫《翰墨天香》。依然从艺术史出发，选取历代优秀的牡丹题材书画作品，以此为主线来梳理中国牡丹艺术的发展演变史。选题通过后，我首先搜集历代牡丹著作，尽量把目前能见到的有关牡丹研究的重要著作搜集到案头，对牡丹文献了然于胸。为了更加深入地了解牡丹的栽培历史，我曾走访牡丹产地洛阳、菏泽，并在2021年4月专程赶回菏泽，在菏泽作家协会主席张存金、菏泽市政协副主席付守明和市文旅局的帮助下，多次走访菏泽市各大牡丹名园，对牡丹品种做了全面深入的了解。后来又专程来到牡丹乡赵楼村，采访牡丹栽培专家赵孝知、赵孝庆、赵建修、赵洪城等人，从而进一步了解菏泽牡丹的前世今生。这些老专家一生从事牡丹栽培，对牡丹的习性都了如指掌，在他们的解读下，我认识了大量的古老牡丹品种，也奠定了这次讲座的学术基础。

经过一年多的努力，《翰墨天香》（八集）节目终于在2023年4月16日顺利播出，文字版也即将由河南文艺出版社推出。感谢央视科教节目中心主任阚兆江、总编导李锋先生一如既往的支持和鼓励，感谢本书的出版人许华伟先生、策划刘晨芳女士、责编丁晓花女士付出的艰辛劳动。感谢荷泽市图书馆馆长张朝勇给予的帮助。

书中错讹难免，恳请方家教正。

癸卯岁杪于京华小苔花馆梅窗

翰墨天香

历代咏牡丹诗词精选

荣宏君 编

河南文艺出版社
·郑州·

前言

丹心独抱倚天开

中国是诗歌的国度，牡丹国色天香，自古就深受国人的喜爱，从《诗经》开始，诗歌就与牡丹结缘，尤其到了唐朝，由于皇室推崇牡丹，所以牡丹也深受大众的追捧。据说，牡丹花开时节，全长安城的百姓倾巢而出，诗人白居易面对观花的人潮，发出了"花开花落二十日，一城之人皆若狂"的浩叹。唐朝的王维、李白、刘禹锡、皮日休等大诗人也都相继加入了吟诵牡丹的诗词大军当中，所以唐朝留下的牡丹诗歌多达 300 多首，其中被收录进《全唐诗》的就有 185 首。两宋时期，牡丹文化进一步得到升华，尤其是大文豪欧阳修的《洛阳牡丹记》诞生后，惹得天下诗人齐颂牡丹，所以宋朝时期的牡丹诗存世也有 1400 余首。

金元时期，牡丹种植和牡丹文化都处于低谷期，牡丹诗词创作也较为低迷，仅留下数百首。明清时期，牡丹文化再次迎来辉煌，牡丹在清朝甚至还被钦定为国花。据统计，明清两朝创作牡丹诗词有 1000 多首。

由此统计，从唐至清留下了历代牡丹诗词 3000 多首。如何在这浩如烟海的诗歌长河中撷取精华，让大家在最短的时间内阅读最美的牡丹诗歌？本书从《全唐诗》《全宋词》《广群芳谱》《天上人间富贵花：历代牡丹诗词选注》(蓝保卿、李佳珏主编)、《历代咏牡丹诗词四百首》(杨茂兰主编)、《历代牡丹诗词赏析》(张秀章主编)、《曹南诗社唱和集》(李经野主编)等书中，精心挑选从唐朝至现代 271 位诗人，共 539 首诗歌，希望读者能在这牡丹诗海中尽情领略传统文化之美。

编者学识所限，错讹难免，企望方家批评指正。

目录

三

四　明代部分

五

清代部分

一

先秦部分

溱洧

〔东周〕《诗经》

溱与洧,方涣涣兮。士与女,方秉蕑兮。

女曰观乎?士曰既且,且往观乎?

洧之外,洵訏且乐。维士与女,伊其相谑,赠之以勺药。

溱与洧,浏其清矣。士与女,殷其盈兮。

女曰观乎?士曰既且,且往观乎?

洧之外,洵訏且乐。维士与女,伊其将谑,赠之以勺药。

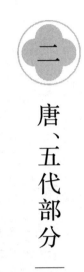

二

唐、五代部分

清平调词三首

〔唐〕李白

　　天宝中,白供奉翰林。禁中初重木芍药(即牡丹)。得四本,红紫浅红通白者,移植于兴庆池东沉香亭。会花开,上乘照夜白,太真妃以步辇从。诏选梨园中弟子优者,得乐一十六色。李龟年以歌坛一时,手捧檀板押众乐前,欲歌之。上曰:"赏名花,对妃子,焉用旧乐词?"逐命龟年持金花笺宣赐李白,立进《清平调》三章。白承诏,宿醒未解,因援笔赋之。龟年歌之,太真持颇梨七宝杯,酌西凉州葡萄酒,笑领歌词,意甚厚。上因调玉笛以倚曲,每曲遍将换,则迟其声以媚之。太真饮罢,敛绣中重拜。上自是顾李翰林,尤异于(他)学士。

一

云想衣裳花想容,春风拂槛露华浓。
若非群玉山头见,会向瑶台月下逢。

二

一枝红艳露凝香,云雨巫山枉断肠。
借问汉宫谁得似,可怜飞燕倚新妆。

三

名花倾国两相欢,长得君王带笑看。
解释春风无限恨,沉香亭北倚栏干。

红牡丹

〔唐〕王维

绿艳闲且静,红衣浅复深。

花心愁欲断,春色岂知心?

牡丹花句

〔唐〕王维

自恨开迟还落早,纵横只是怨春风。

花底

〔唐〕杜甫

紫萼托千蕊,黄须照万花。
忽疑行暮雨,何事入朝霞。
恐是潘安县,堪留王玠车。
深知好颜色,莫作委泥沙。

闻王仲周所居牡丹花发因戏赠

〔唐〕武元衡

闻说庭花发暮春,长安才子须看频。
花开花落无人见,借问何人是主人。

和李中丞慈恩寺清上人院牡丹花歌

〔唐〕权德舆

澹荡韶光三月中,牡丹偏自占春风。

时过宝地寻香径，已见新花出故丛。

曲水亭西杏园北，浓芳深院红霞色。

擢秀全胜珠树林，结根幸在青莲域。

艳蕊鲜房次第开，含烟洗露照苍苔。

庞眉倚杖禅僧起，轻翅萦枝舞蝶来。

独坐南台时共美，闲行古刹情何已。

花间一曲奏阳春，应为芬芳比君子。

牡丹四首

〔唐〕薛能

一

异色禀陶瓯，常疑主者偏。

众芳殊不数，一笑独奢妍。

颗折羞含懒，丛虚隐陷园。

亚心堆胜被，美色艳于莲。

品格如寒食，精光似少年。

种堪收子子，贾合易贤贤。

迥秀应无妒，奇香称有仙。

深阴宜映幕，富贵助开筵。

蜀水争能染，巫山未可怜。

数难忘次第，立固恋傍边。

逐日愁风雨，程星祝夜天。

且从留尽赏，离此便归田。

二

万朵照初筵，狂游忆少年。

晓光如曲水，颜色似西川。

白向庚辛受,朱从造化研。

众开成伴侣,相笑极神仙。

见焰宁劳火,闻香不带烟。

自高轻月桂,非偶贱池莲。

影接雕盘动,丛遭恶草编。

招欢忧事阻,就卧觉情牵。

四面宜绨锦,当头称管弦。

泊来莺定稳,粉扰蝶何颠。

苏息承朝露,滋荣仰霁天。

压栏多尽好,敌国贵宜然。

未落须速醉,因兹任病缠。

人谁知极物,空负感麟篇。

三

去年零落暮春时,泪湿红笺怨别离。

常恐便随巫峡散,何因重有武陵期。

传情每向馨香得,不语还应彼知此。

只欲栏边安枕席,夜深闲共说相思。

四

牡丹愁为牡丹饥,自惜多情欲瘦羸。

浓艳冷香初盖后,好风乾雨正开时。

吟蜂遍坐无闲蕊,醉客曾偷有折枝。

京国别来谁占玩,此花光景属吾诗。

牡丹

〔唐〕王毂

牡丹妖艳乱人心，一国如狂不惜金。
曷若东园桃与李，果成无语自垂阴。

赴东都别牡丹

〔唐〕令狐楚

十年不见小庭花，紫萼临开又别家。
上马出门回首望，何时更得到京华。

赏牡丹

〔唐〕王建

此花名价别，开艳益皇都。
香遍菱苓死，红烧踯躅枯。
软光笼细脉，妖色暖鲜肤。
满蕊攒金粉，含棱缕绛苏。
好和薰御服，堪画入宫图。
晚态愁新妇，残妆望病夫。
教人知个数，留客赏斯须。
一夜轻风起，千金买也无。

戏题牡丹

〔唐〕韩愈

幸自同开俱隐约，何须相倚斗轻盈。
凌晨并作新妆面，对客偏含不语情。
双燕无机还拂掠，游蜂多思正经营。
长年是事皆抛尽，今日栏边暂眼明。

看浑家牡丹花戏赠李二十

〔唐〕白居易

香胜烧兰红胜霞，城中最数令公家。
人人散后君须看，归到江南无此花。

惜牡丹花二首

〔唐〕白居易

一

惆怅阶前红牡丹，晚来只有两枝残。
明朝风起应吹尽，夜惜衰红把火看。

二

寂寞萎红低向雨，离披破艳散随风。
晴明落地犹惆怅，何况零落泥土中。

微之宅残牡丹

〔唐〕白居易

残红零落无人赏，雨打风吹花不全。
诸处见时犹怅望，况当元九小亭前。

白牡丹

〔唐〕白居易

白花冷澹无人爱，亦占芳名道牡丹。
应似东宫白赞善，被人还唤作朝官。

移牡丹栽

〔唐〕白居易

金钱买得牡丹栽，何处辞丛别主来。
红芳堪惜还堪恨，百处移将百处开。

秋题牡丹丛

〔唐〕白居易

晚丛白露夕，衰叶凉风朝。
红艳久已歇，碧芳今亦销。
幽人相对座，心事共萧条。

重题西明寺牡丹

时元九在江陵

〔唐〕白居易

往年君向东都去，曾叹花时君未回。
今年况作江陵别，惆怅花前又独来。
只愁离别长如此，不道明年花不开。

西明寺牡丹花时忆元九

〔唐〕白居易

前年题名处，今日看花来。
一作云香吏，三见牡丹开。
岂独花堪惜，方知老阁催。
何况寻花伴，东都去未回。
讵知红芳侧，春尽思悠哉。

白牡丹

和钱学士作

〔唐〕白居易

城中看花客，旦暮走营营。
素华人不顾，亦占牡丹名。
闭在深寺中，车马无来声。
唯有钱学士，尽日绕丛行。

怜此皓然质,无人自芳馨。

众嫌我独赏,移植在中庭。

留景夜不暝,迎光曙先明。

对之心亦静,虚白相向生。

唐昌玉蕊花,攀玩众所争。

折来比颜色,一种如瑶琼。

彼因稀见贵,此以多为轻。

始知无正色,爱恶随人情。

岂惟花独尔,理与人事并。

君看入时者,紫艳与红英。

买花

〔唐〕白居易

帝城春欲暮,喧喧车马度。

共道牡丹诗,相随买花去。

贵贱无常价,酬值看花数。

灼灼百朵红,戋戋五束素。

上张幄幕庇,旁织巴篱护。

水洒复泥封,移来色如故。

家家习为俗,人人迷不悟。

有一田舍翁,偶来买花处。

低头独长叹,此叹无人喻。

一丛深色花,十户中人赋。

牡丹

〔唐〕白居易

绝代只西子,众芳唯牡丹。

月中虚有桂,天上谩夸兰。

夜濯金波满,朝倾玉露搏。

性应轻菡萏,根本是琅玕。

夺目霞千片,凌风绮一端。

稍宜经宿雨,偏觉耐春寒。

见说开元岁,初令植御栏。

贵妃娇欲比,侍女妒羞看。

巧类鸳鸯织,光攒麝月团。

暂移公子第,还种杏花坛。

豪士倾囊买,贫僧假乘观。

叶藏梧际凤,枝动镜中鸾。

似笑宾初至,如愁酒欲阑。

诗人忘芍药,释子愧旃檀。

酷烈宜名寿,姿容想姓潘。

素光翻鹭羽,丹艳赩鸡冠。

燕拂惊还语,蜂贪困未安。

倘令红脸笑,兼解翠眉攒。

小长呈连萼,骄矜寄合欢。

息肩移九轨,无胫到千官。

日曜香房折,风披粉乳干。

好酬青玉案,称贮碧冰盘。

璧要连城与,珠堪十斛判。

更思初甲坼,那得异泥蟠。

骚咏应遗恨，农经只略刊。

鲁般雕不得，延寿笔将殚。

醉客同攀折，佳人惜犯干。

如知来苑囿，全胜在林峦。

泥滓常浇酒，庭除又绰宽。

若将桃李并，方觉放鹳难。

牡丹芳

美天子忧农也

〔唐〕白居易

牡丹芳，牡丹芳，黄金蕊绽红玉房。

千片赤英霞烂烂，百枝绛点灯煌煌。

照地初开锦绣段，当风不结兰麝囊。

仙人琪树白无色，王母桃花小不香。

宿露轻盈泛紫艳，朝阳照耀生红光。

红紫二色间深浅，向背万态随低昂。

映叶多情隐羞面，卧丛无力含醉妆。

低娇笑容疑掩口，凝思怨人如断肠。

秾姿贵彩信奇绝，杂卉乱花无比方。

石竹金钱何细碎，芙蓉芍药苦寻常。

遂使王公与卿士，游花冠盖日相望。

庳车软舆贵公主，香衫细马豪家郎。

卫公宅静闭东院，西明寺深开北廊。

戏蝶双舞看人久，残莺一声春日长。

共愁日照芳难驻，仍张帷幕垂阴凉。

花开花落二十日，一城之人皆若狂。

三代以还人胜质，人心重华不重实。

重华直至牡丹芳,其来有渐非今日。

元和天子忧农桑,恤下动天天降祥。

去岁嘉禾生九穗,田中寂寞无人至。

今年瑞麦分两岐,君心独喜无人知。

无人知,　　可叹息。

我愿暂求造化力,减却牡丹妖艳色。

少回卿士爱花心,同似吾君忧稼穑。

浑寺中宅牡丹

〔唐〕刘禹锡

径尺千余朵,人间有此花。

今朝见颜色,更不向诸家。

饮酒看牡丹

〔唐〕刘禹锡

今日花前饮,甘心醉数杯。

但愁花有语,不为老人开。

牡丹

〔唐〕刘禹锡

庭前芍药妖无格,池上芙蕖净少情。

惟有牡丹真国色,花开时节动京城。

和令狐相公别牡丹

〔唐〕刘禹锡

平章宅里一栏花，临到开时不在家。
莫道西京非远别，春明门外即天涯。

赏牡丹

〔唐〕刘禹锡

偶然相遇人间世，合在增城阿姥家。
有此倾城老颜色，天教晚发赛诸花。

白牡丹

〔唐〕裴潾

长安豪贵惜春残，争赏先开紫牡丹。
别有玉杯承露冷，无人起就月中看。

西明寺牡丹

〔唐〕元稹

花向琉璃地上生，光风炫转紫云英。
自从天女盘中见，直至今朝眼更明。

和乐天秋题牡丹丛

〔唐〕元稹

敝宅艳山卉，别来长叹息。

吟君晚丛咏，似见摧颓色。

欲识别后容，勤过晚丛侧。

与杨十二李三早入永寿寺看牡丹

〔唐〕元稹

晓入白莲宫，琉璃花界净。

开敷多喻草，凌乱被幽径。

压砌锦地铺，当霞日轮映。

蝶舞香暂飘，蜂牵蕊难正。

笼处彩云合，露湛红珠莹。

结叶影自交，摇风光不定。

繁华有时节，安得保全盛。

色见尽浮荣，希居了真性。

牡丹种曲

〔唐〕李贺

莲枝未长秦蘅老，走马驮金屦春草。

水灌香泥隙月盆，一夜绿芳迎白晓。

美人醉语园中烟，晚华已散蝶又阑。

梁王老去罗衣在,拂袖风吹蜀国弦。
归霞帔拖蜀帐昏,嫣红落粉罢承恩。
檀郎谢女眠何处,楼台月明燕夜语。

牡丹

〔唐〕徐凝

何人不爱牡丹花,占断城中好物华。
疑是洛川神女作,千娇万态破朝霞。

咏开元寺牡丹献白乐天

〔唐〕徐凝

此花南地知难种,惭愧僧间用意栽。
海燕解怜频睥睨,胡蝶未识更徘徊。
虚生芍药徒劳妒,羞杀玫瑰不敢开。
唯有数苞红萼在,含芳只待舍人来。

牡丹

〔唐〕张又新

牡丹一朵值千金,将谓从来色最深。
今日满栏开似雪,一生辜负看花心。

看牡丹

〔唐〕周繇

金蕊霞英迭彩香，初疑少女出兰芳。
逡巡又是一年别，寄语集仙呼索郎。

太子刘舍人邀看花

〔唐〕陆畅

年少风流七品官，朱衣白马冶游盘。
负心不报春光主，几处偷看红牡丹。

和王郎中召看牡丹

〔唐〕姚合

葩叠萼相重，烧栏复照空。
妍姿朝景里，醉艳晚烟中。
乍怪霞临砌，还疑烛出笼。
绕行惊地赤，移坐觉衣红。
殷丽开繁朵，浓香发几丛。
裁绡样岂似，染茜色宁同。
嫩畏人看损，鲜愁日炙融。
婵娟涵宿露，烂熳折春风。
纵赏襟情合，闲吟景思通。
客来归尽懒，莺恋语无穷。

万物珍那比，千金买不充。
如今难更有，纵有在仙宫。

僧院牡丹

〔唐〕陈标

琉璃地上开红艳，碧落天头散晓霞。
应是向西无地种，不然争肯种莲花。

夜看牡丹

〔唐〕温庭筠

高低深浅一栏红，把火殷勤绕露丛。
希逸近来成懒病，不能容易向春风。

牡丹

〔唐〕温庭筠

水漾晴红压叠波，晓来金粉覆庭莎。
裁成艳思偏应巧，分得春光最数多。
欲绽似含双靥笑，正繁疑有一声歌。
华堂客散帘垂地，想凭栏干领翠娥。

牡丹

〔唐〕罗邺

落尽春红始见花，花时比屋事豪奢。
买栽池馆恐无地，看到子孙能几家。
门倚长衢攒绣毂，幄笼轻月护香霞。
歌钟满座争欢赏，肯信流年鬓有华。

牡丹

〔唐〕李商隐

锦帏初卷卫夫人，绣被犹堆越鄂君。
垂手乱翻雕玉佩，招腰争舞郁金裙。
石家蜡烛何曾剪，荀令香炉可待熏。
我是梦中传彩笔，欲书花叶寄朝云。

牡丹

〔唐〕李商隐

压径复绿沟，当窗又映楼。
终销一国破，不啻万金求。
鸾凤戏三岛，神仙居十洲。
应怜萱草淡，却得号忘忧。

僧院牡丹

〔唐〕李商隐

薄叶风才倚,枝轻雾不胜。

开先如避客,色浅为依僧。

粉壁正荡水,缃帏初卷灯。

倾城惟待等,要裂几多缯。

回中牡丹为雨所败二首

〔唐〕李商隐

一

下苑他年未可追,西州今日忽相期。

水亭暮雨寒犹在,罗荐春香暖不知。

舞蝶殷勤收落蕊,佳人惆怅卧遥帷。

章台街里芳菲伴,且问宫腰损几枝。

二

浪笑榴花不及春,先期零落更愁人。

玉盘迸泪伤心数,锦瑟惊弦破梦频。

万里重阴非旧圃,一年生意属流尘。

前溪舞罢君回顾,并觉今朝粉态新。

牡丹

〔唐〕韩琮

残花何处藏,尽在牡丹房。

嫩蕊包金粉,重葩结绣囊。

云凝巫峡梦,帘闭景阳妆。

应恨年华促,迟迟待日长。

牡丹

〔唐〕韩琮

桃时杏日不争秾,叶帐阴成始放红。

晓艳远分金掌露,暮香深惹玉堂风。

名移兰杜千年后,贵檀笙歌百醉中。

如梦如仙忽零落,彩霞何处玉屏空。

牡丹

〔唐〕柳浑

近来无奈牡丹何,数十千钱买一棵。

今朝始得分明见,也共戎葵不校多。

牡丹

〔唐〕来鹏

中国名花异国香，花开得地更芬芳。
才呈冶态当春尽，却敛妖姿向夕阳。

杭州开元寺牡丹

〔唐〕张祜

浓艳初开小药栏，人人惆怅出长安。
风流却是钱塘寺，不踏红尘见牡丹。

牡丹花

〔唐〕罗隐

似共东风别有因，绛罗高卷不胜春。
若教解语能倾国，任是无情也动人。
芍药与君为近侍，芙蓉何处避芳尘。
可怜韩令功成后，辜负秾华过此身。

牡丹

〔唐〕罗隐

艳多烟重欲开难，红蕊当心一抹檀。

公子醉归灯下见，美人朝插镜中看。
当庭始觉春风贵，带雨方知国色寒。
日晚更将何所似，太真无力凭阑干。

牡丹

〔唐〕司空图

得地牡丹盛，晓添龙麝香。
主人犹自惜，锦幕护春霜。

郡庭惜牡丹

〔唐〕徐夤

肠断东风落牡丹，为祥为瑞久留难。
青春不驻堪垂泪，红艳已空犹倚栏。
积藓下销香蕊尽，晴阳高照露华干。
明年万叶千枝长，倍发芳菲借客看。

牡丹花二首

〔唐〕徐夤

一

看遍花无胜此花，剪云披雪蘸丹砂。
开当青律二三月，破却长安千万家。
天纵秾华刬鄙吝，香教妖艳毒豪奢。

不随寒令同时放,倍种双松与辟邪。

二

万万花中第一流,残霞轻染嫩银瓯。
能狂绮陌千金子,也惑朱门万户侯。
朝日照开携酒看,暮风吹落遥栏收。
诗书满架尘埃扑,尽日无人略举头。

红白牡丹

〔唐〕吴融

不必繁弦不必歌,静中相对更情多,
殷鲜一半霞分绮,洁沏旁边月飐波。
看久愿成庄叟梦,惜留须倩鲁阳戈。
重来应共今来别,风坠香残衬绿莎。

卖残牡丹

〔唐〕鱼玄机

临风兴叹落花频,芳意潜消又一春。
应为价高人不问,却缘香甚蝶难亲。
红英只称生宫里,翠叶那堪染路尘。
及至移根上林苑,王孙方恨买无因。

牡丹

〔唐〕李山甫

邀勒春风不早开，众芳飘后上楼台。
数苞仙艳火中出，一片异香天上来。
晓露精神妖欲动，暮烟情态恨成堆。
知君也解相轻薄，斜倚栏干首重回。

长安春

〔唐〕崔道融

长安牡丹开，绣毂辗晴雷。
若使花长在，人看应不回。

题南平后园牡丹

〔唐〕齐己

暖披烟艳照西园，翠幄朱栏护列仙。
玉帐笙歌留尽日，瑶台伴侣待归天。
香多觉受风光剩，红重知含雨露偏。
上客分明记开处，明年开更胜今年。

牡丹

〔唐〕秦韬玉

拆妖放艳有谁催，疑就仙中旋折来。
图把一春皆占断，固留三月始教开。
压枝金蕊香如扑，逐朵檀心巧成裁。
好是酒阑丝竹罢，倚风含笑向楼台。

赵侍郎看红白牡丹因寄杨状头赞图

〔唐〕殷文圭

迟开都为让群芳，贵地栽成对玉堂。
红艳袅烟疑欲语，素华映月只闻香。
剪裁偏得东风意，淡薄似矜西子妆。
雅称花中为首冠，年年长占断春光。

牡丹

〔唐〕裴说

数朵欲倾城，安同桃李荣。
未尝贫处见，不似地中生。
此物疑无价，当春独有名。
游蜂与蝴蝶，来往自多情。

再看光福寺牡丹

〔唐〕刘兼

去年曾看牡丹化,蛱蝶迎人傍彩霞。
今日再游光福寺,春风吹我入仙家。
当筵芬馥歌唇动,倚槛娇羞醉眼斜。
来岁未朝金阙去,依前和露载归衙。

雨中看牡丹

〔唐〕窦梁宾

东风未放晓泥干,红药花开不奈寒。
待得天晴花已老,不如携手雨中看。

赏牡丹应教

〔唐〕谦光

拥衲对芳丛,由来事不同。
鬓从今日白,花似去年红,
艳异随朝露,馨香逐晓风。
何须对零落,然后始知空。

牡丹

〔唐〕文丙

万物承春各斗奇,百花分贵近亭池。
开时若也姮娥见,落日那堪公子知。
诗客筵中金盏满,美人头上玉钗垂。
不同寒菊舒重九,只拟清香泛酒卮。

牡丹

〔唐〕释归仁

三春堪惜牡丹奇,半倚朱栏欲绽时。
天下更无花胜此,人间偏得贵相宜。
偷香黑蚁斜穿叶,窥蝶黄莺倒挂枝。
除却解禅心不动,算应狂杀五陵儿。

严相公宅牡丹

〔五代〕徐铉

但是豪家重牡丹,争如丞相阁前看。
凤楼日暖开偏早,鸡树阴浓谢更难。
数朵已应迷国艳,一枝何幸上尘冠。
不知更许凭栏否,烂漫春光未肯残。

司徒宅牡丹

〔五代〕李中柴

莫春栏槛有佳期,公子开颜午折时。
翠幄密笼莺未识,好香难掩蝶先知。
愿陪妓女争调乐,欲赏宾朋预课时。
只恐却随云雨去,隔年还是动相思。

三字令

〔五代〕欧阳炯

春欲尽,日迟迟,牡丹时。罗幌卷,翠帘垂。彩笺书,红粉泪,两心知。
人不在,燕空归,负佳期。香烬落,枕函欹。月分明,花澹薄,惹相思。

题牡丹

〔唐〕捧剑仆

一种芳菲出后庭,却输桃李得佳名。
谁能为向天人说,从此移根近太清。

牡丹

〔唐〕皮日休

落尽残红始吐芳,佳名唤作百花王。

竞夸天下无双艳，独立人间第一香。

牡丹

〔唐〕唐彦谦

真宰多情巧思新，固将能事送残春。
为云为雨徒虚语，倾国倾城不在人。
开日绮霞应失色，落时青帝合伤神。
嫦娥婺女曾相送，留下鸦黄作蕊尘。

看牡丹

〔唐〕殷益

拥毳对芳丛，由来趣不同。
发从今日白，花是去年红。
艳色随朝露，馨香逐晚风。
何须待零落，然后始知空。

看天王院牡丹

〔五代〕王贞白

前年帝里探春时，寺寺名花我尽知。
今日长安已灰烬，忍随南国对芳枝。

牡丹

〔五代〕孙鲂

意态天生异,转看看转新。
百花休放艳,三月始为春。
蝶死难离槛,莺狂不避人。
其如豪贵地,清醒复何因。

万寿寺牡丹

〔五代〕翁承赞

烂漫香风引贵游,高僧移步亦迟留。
可怜殿角长松色,不得王孙一举头。

晚春送牡丹

〔五代〕李建勋

携觞邀客绕朱栏,肠断残春送牡丹。
风雨数来留不得,离披将谢忍重看。
氛氲兰麝香初减,零落云霞色渐干。
借问少年能几许,不须推酒厌杯盘。

三

宋、金、元部分

应制赋牡丹

〔宋〕寇准

栽培终得近天家,独有芳名出众花。
香递暖风飘御座,叶笼轻霭衬明霞。
纵吟宜把红笺擘,留赏惟张翠幄遮。
深觉侍臣千载幸,许随仙仗看秾华。

忆洛阳

〔宋〕寇准

金谷春来柳自黄,晓烟晴日映宫墙。
不堪花下听歌处,却向长安忆洛阳。

书牡丹诗一首

〔宋〕赵佶

牡丹一本,同干二花,其红深浅不同,名品实两种也。一曰叠罗红,一曰胜云红。艳丽尊荣,皆冠一时之妙,造化密移如此,褒赏之余,因成口占。
异品殊葩共翠柯,嫩红拂拂醉金荷。
春罗几叠敷丹陛,云缕重萦浴绛河。
玉鉴和鸣鸾对舞,宝枝连理锦成窠。
东君造化胜前岁,吟绕清香故琢磨。

浣溪沙

〔宋〕晏殊

三月和风满上林,牡丹妖艳直千金。恼人天气又春阴。为我转回红脸面,向谁分付紫檀心。有情须殢酒杯深。

忆荐福寺牡丹

〔宋〕胡宿

十日春风隔翠岑,只应繁朵自成阴。
樽前可要人颓玉,树底遥知地侧金。
花界三千春渺渺,铜盘十二夜沉沉。
雕盘分篸何由得,空作西州拥鼻吟。

倒仙牡丹赞

〔宋〕宋祁

花跗芳侈,丛刺子梗。
不可把玩,艳以妍整。

姚黄

〔宋〕宋庠

世外无双种,人间绝品黄。

已能金作粉，更自麝供香。

脉脉翻霓袖，差差剪鹄赏。

灵华余几许，遥遗菊丛芳。

白牡丹

〔宋〕梅尧臣

白云堆里紫霞心，不与姚黄色斗新。

闲伴春风有时歇，岂能长在玉阶阴。

紫牡丹

〔宋〕梅尧臣

叶底风吹紫锦襄，宫炉应近更添香。

试看沉色浓如泼，不愧逢君翰墨场。

洛阳牡丹

〔宋〕梅尧臣

古来多贵色，殁去定何归？

清魄不应散，艳花还所依。

红栖金谷妓，黄值洛川妃。

朱紫亦皆附，可言人世稀。

延羲阁牡丹

〔宋〕梅尧臣

花中第一品，天上见应难。
近署多红药，层城有射干。
生虽由地势，开不许人看。
天子何时赏，宫娥捧玉盘。

诗谢留守王宣徽远惠牡丹

〔宋〕文彦博

姚黄左紫状元红，打剥栽培久用功。
采折乍经微雨后，缄封仍在小奁中。
勤勤赏玩倾兰醑，漠漠馨香逐惠风。
犹恐花心怀旧土，戴时频与望青嵩。

游花市示之珍慕容

〔宋〕文彦博

去年春夜游花市，今日重来事宛然。
列肆千灯多闪烁，长廊万蕊斗鲜妍。
交驰翠幰新罗绮，迎献芳尊细管弦。
人道洛阳为乐国，醉归恍若梦钧天。

劝酒惜花

〔宋〕张咏

今日就花姑畅饮，座中行客酸离情。
我欲为君舞长剑，剑歌若悲人苦厌。
我欲为君弹瑶琴，淳风死去无苦心。
不如转海为饮花，为赢青春片时乐。
明朝匹马嘶春风，洛阳花发胭脂红。

谢君实端明惠牡丹

〔宋〕邵雍

霜台何处得奇葩？分送天津小隐家。
初讶山妻忽惊走，寻常只惯插葵花。

牡丹吟

〔宋〕邵雍

牡丹花品冠群芳，况是其间更有王。
四色变而成百色，百般颜色百般香。

谢德华惠牡丹因招同官会饮

〔宋〕彭汝砺

交情淡薄爱天真，亲寄韶容到窭贫。
便乞诸公城壁饮，风前同醉一枝春。

和太素《双头牡丹兼呈子华》

〔宋〕韩维

群英日零谢，并蒂发奇芳。
愿以附驿使，为兄寿且昌。

明叔惠洛中花走笔为谢

〔宋〕韩维

弱枝秾艳逐归轮，装出雕盘露色新。
满酌酒卮聊自庆，一年齐见两邦春。

醉中咏牡丹

〔宋〕徐积

此花未开时，美子藏深闺。
香心若无有，深浅何由知。
前日花忽开，美人放出深闺来。

春风尽日不相管,莺是郎兮蝶是媒。

谁将金钱掷西子,笑中不掩胭脂腮。

君王亲执紫金盏,太真又醉白瑶台。

此花万态不可说,莫教容易为尘埃。

我心虽然淡如水,为花一醉何辞哉。

牡丹二首

〔宋〕范纯仁

一

牡丹奇擅洛都春,百卉千花浪纠纷。

国色鲜明舒嫩脸,仙冠重叠剪红云。

竞驰绝品供天赏,旋立佳名竦众闻。

园吏遮藏恐凋落,直倚青盍过残曛。

二

夺尽春光胜尽花,都人巧植斗新华。

搜奇不惮过民舍,醉赏唯愁污相车。

密蕊攒心承晓露,繁红添色映朝霞。

何妨纵步家家到,园圃相望幸不赊。

后殿牡丹未开

〔宋〕王安石

红襮未开知婉娩,紫囊犹结想芳菲。

此花似欲留人住,山鸟无端劝我归。

题洛阳牡丹图

〔宋〕欧阳修

洛阳地脉花最宜,牡丹尤为天下奇。

我昔所记数千种,于今十年皆忘之。

开图又见故人面,其间数种昔未窥。

客言近岁花特异,往往变来呈新枝。

洛人惊夸土名字,买种不复论家资。

比新较旧难优劣,争先擅价各一时。

当时绝品可数者,魏红窈窕姚黄肥。

寿安细叶开尚少,朱砂玉版人未知。

传闻千叶昔未有,只从左紫名初驰。

四十年间花百变,最后最好潜溪绯。

今花虽新我未识,未信与旧谁妍媸。

当时所见已云绝,岂有更妍此可疑。

古称天下无正色,但恐世好随时移。

鞓红鹤翎岂不美,敛色如避新来姬。

何况远说苏与贺,有类异世夸嫱施。

造化无情宜一概,偏此着意何其私。

又疑人心愈巧伪,无欲斗巧穷精微。

不然元化朴散久,岂特近岁尤浇漓。

争新斗丽若不已,更后万载识何为。

但应新花日愈好,唯有我老年之衰。

谢观文王尚书惠西京牡丹

〔宋〕欧阳修

京师轻薄儿,意气多豪侠。

争夸朱颜事年少,肯慰白发将花插。

尚书好事与俗殊,怜我霜毛苦萧飒。

赠以洛阳花满盘,斗丽争奇红紫杂。

两京相去五百里,几日驰来足何捷。

紫坛金粉香未吐,绿萼红苞露犹浥。

谓我尝为洛阳客,颇向此花曾涉猎。

忆昔进士初登科,始事相公沿吏牒。

河南官属尽贤俊,洛城池御相连接。

我时年才二十余,每到花开如蛱蝶。

姚黄魏紫腰带鞓,泼墨齐头藏绿叶。

鹤翎添色又其次,此外虽妍犹婢妾。

尔来不觉三十年,岁月才如熟羊胛。

无情草木不改色,多难人生自摧拉。

见花了了虽旧识,感物依依几扰睫。

念昔逢花必沽酒,起坐欢呼屡倾榼。

而今得酒复何为,爱花绕之空百匝。

心衰力懒难勉强,与昔一何殊勇怯。

感公意厚不知报,墨笔淋漓口徒嗫。

渔家傲·三月清明天婉娩

〔宋〕欧阳修

三月清明开婉娩,晴川祓禊归来晚。况是踏青来处远。犹不倦,秋千别闭深庭院。　　更值牡丹开欲遍,酴醾压架清香散。花底一尊谁解劝。增眷恋,东风回晚无情绊。

接花歌

〔宋〕范仲淹

江城有卒老且贫,憔悴抱关良苦辛。

众中忽闻语声好,知是北来京洛人。

我试问云何至是?欲语汍澜坠双泪。

斯须收泪始能言,生自东都富贵地。

家有城南锦绣园,少年止以花为事。

黄金用尽无他能,却作琼林苑中吏。

年年中使先春来,晓宣口敕修敕花台。

奇芬异卉百余品,求新换旧争栽培。

犹恐君王厌颜色,群花只似寻常开。

幸有神仙接花术,更向成都求绝匹。

梁王苑衷索妍姿,石氏园中搜淑质。

金刀玉尺裁量妙,香膏腻壤弥缝密。

回得东皇造化工,五色敷华异平日。

一朝宠爱归牡丹,千花相笑妖娆难。

窃药嫦娥新换骨,婵娟不似人间看。

太平天子春游好,金明柳色宠黄道。

道南楼殿五云高，钧天捧上蓬莱岛。
四边桃李不胜春，何况花王对玉宸。
国色精明动韶景，天香旖旎飘芳尘。
特奏霓裳羽衣曲，千官献寿罗星尘。
兑悦临轩逾数刻，花吏此时方得色。
白银红锦满牙床，拜赐仗前生羽翼。
惟观风景不忧身，一心岁岁供春职。
中途得罪情多故，刻木在前何敢诉？
窜来江外知几年，骨肉无音雁空度。
北人情况异南人，萧洒溪山苦无趣。
子规啼处血为花，黄梅熟时雨如雾。
多愁多恨信伤人，今年不及去年身。
目昏耳重精力减，复有乡心难具陈。
我闻此语聊悒悒，近曾侍从班中立。
朝违日下暮天崖，不学尔曹向隅泣。
人生荣辱如浮云，悠悠天地胡能执。
贾谊文才动汉家，当时不免来长沙。
幽求功业开元盛，亦作流人过梅岭。
我无一事逮古人，谪官却得神仙境。
自可优优乐名教，曾不恓恓吊形影。
接花之技尔则奇，江乡卑湿何能施。
吾皇又诏还淳朴，组绣文章皆齐遗。
上林将议赐民畋，似昔繁华徒尔为。
西都尚有名园处，我欲抽身希白傅。
一日天恩放尔归，相逐栽花洛阳去。

梦游洛中十首（其八）

〔宋〕范仲淹

名花百种结春芳，天与秾华更与香。
每忆月陂隄下路，便开图画觅姚黄。

种牡丹

〔宋〕曾巩

经冬种牡丹，明年待看花。
春条始秀出，蠹已病其芽。
柯枯叶亦落，重寻但空槎。
朱栏犹照耀，所待已泥沙。
本不固其根，今朝漫咨嗟。

题姚氏三头牡丹

〔宋〕强至

姚黄容易洛阳观，吾土姚花洗眼看。
一抹胭脂匀作艳，千窠蜀锦合成团。
春风应笑香心乱，晓日那伤片影单。
好为太平图绝瑞，却愁难下彩毫端。

依韵奉和《司徒侍中同赏牡丹》

〔宋〕强至

按谱新求洛下栽,朱栏围土事深培。

半妆晓日争光照,一笑春风喜竞开。

得地自依孙相阁,飞香欲绕邺王台。

绣帘对赏犹嫌远,剪上金盘近酒杯。

次韵居正《四月牡丹》时饮过客于丞相后园

〔宋〕黄庶

四月残红日日稀,平阳园槛正芳菲。

春知东馆酾宾客,应是阳和未放归。

和元伯《走马看牡丹》

〔宋〕黄庶

城中走马趁残春,诗别余花处处新。

何似园家不吟醉,姚黄魏紫属游人。

宫词（其二）

〔宋〕王珪

洛阳新进牡丹丛,种在蓬莱第几宫?

压晓看花传驾入,露苞方拆御袍红。

春晚赏牡丹奉呈席上诸君

〔宋〕陈襄

逍遥为吏厌衣冠,花谢还来赏牡丹。
颜色只留春别后,精神宁似日前看。
雨花萼啼啬残粉,风静奇香喷宝檀。
只恐明年开更好,不知谁与立栏干?

和子瞻沿牒京口忆吉祥寺

牡丹见寄

〔宋〕陈襄

新接枝头色倍添,马蹄寻处帽敧檐。
春工别与铅华丽,佛地偏资好相严。
红蕊欲开丹未渥,素香堪茹雪非甜。
诗翁何事辜真赏,不许浮根浪叶黏。

一百五多叶白牡丹答陈度支二首

〔宋〕刘敞

一

玉色天香无与俦,猝风暴雨判多愁。
君知大半春将过,初识人间第一流。

二

嵩少雨晴寒食时，年年驿使按瑶墀。

尘埃落莫长安陌，笑倚春风不自知。

木芙蓉

〔宋〕陶弼

孤芳托寒木，一晓一翻新。

春色不为主，天香难动人。

丹枫见流落，黄菊坐因循。

莫讶偏相爱，衰迟似我身。

次韵程丞相观牡丹三首

〔宋〕郑獬

一

满车桂酒烂金醅，坐绕春丛醉即回。

争得此花长在眼，一朝只放一枝开。

二

碧凉伞下罩罗敷，只恐晴晖透锦襦。

醉倚玉栏问春色，此花胜得洛中无？

三

第一名花洛下开，马驮金饼买将回。

西施自是越溪女,却为吴王赚得来。

八月二十四日州宅牡丹

〔宋〕韦骧

八月西风动地来,枯株衰卉惨池苔。
如何春色花王品,独对霜威御史开。
冷艳自然欺竹柏,清香足以荐樽罍。
岂非千里宽赢俗,召得阳和暗里回。

和《季春初牡丹花》

〔宋〕韦骧

绕栏矜赏日千回,赋咏惭无卓荦才。
天意似嫌群卉杂,花王留在晚春开。
曾经唐苑声歌后,不是隋园剪彩来。
安用繁言警耽惑,爱奇能有几人栽?

山僧送牡丹

〔宋〕王禹偁

数枝香带雨霏霏,雨里携来叩竹扉。
拟戴却休成惆望,御园曾插满头归。

朱红牡丹

〔宋〕王禹偁

渥丹容貌著霓裙，何事僧轩只一株。
应是吴宫歌舞罢，西施因醉误施朱。

雨中牡丹

〔宋〕穆修

万金期胜赏，三月破秾芳。
妒忌巫娥雨，摧残洛苑香。
怨啼甄后玉，寒出贵妃汤。
掩敛无聊极，谁来替断肠。

延福宫双头牡丹

〔宋〕夏竦

禁籞阳和异，华丛造化殊。
两宫方共治，双花故联跗。
向清涵玉宇，潋滟转银钩。
霄堁奎躔布，龟图洛画浮。
偃波分密坐，垂露直前旒。
若许铭天德，园青岂易俦。

维杨秋日牡丹寄六合县尉郭承范

〔宋〕潘阆

绕栏忽见思彷徨,造化功深莫叮量。
秾艳算无三月盛,残红更向九秋芳。
万家珠翠还争赏,一郡笙歌又是狂。
惆怅东篱下黄菊,有谁来折泛瑶觞。

庆清朝

〔宋〕李清照

禁幄低张,彤阑巧护,就中独占残春。容华淡伫,绰约俱见天真。待得群花过后,一番风露晓妆新。妖娆艳态,妒风笑月,长殢东君。　　东城边,南陌上,正日烘池馆,竞走香轮。绮筵散日,谁人可继芳尘。更好明光宫殿,几枝先近日边匀。金尊倒,拼了尽烛,不管黄昏。

李元才寄示蜀中花图并序

〔宋〕范镇

香故难画,蕊亦不露,二人非特减其围耳。去年入洛,有献黄花气名者,潞公名之曰女真黄。又有献浅红乞名者,镇名之曰洗妆红。二花者,洛人盛传,然此花样差小,间就洛阳求接头,若得二者在其间,甚善。
自古成都胜,开花不似今。
径围三尺大,颜色几重深。
未放香喷雪,仍藏蕊散金。

要知空相谕,聊见主人心。

昼锦堂赏牡丹

〔宋〕韩琦

从来三月赏芳妍,开晚今逢首夏天。
料得东君私此老,且留西子久当筵。
柳丝偷学伤春绪,榆荚争飞买笑钱。
我是至和亲植者,雨中相见似潸然。

再谢真定李密学惠牡丹

〔宋〕韩琦

牡丹京洛艳,惠我见新邻。
一与樽前赏,重生塞上春。
衰荣存主意,深浅尽天真。
却似登兰室,清香暗袭人。

禁籞见牡丹仍蒙恩赐

〔宋〕赵抃

校文春殿龠天关,内籞千葩放牡丹。
风卷异香来幕帘,日披浓艳出阑干。
芳菲喜向禁中见,憔悴忆曾江外看。
剪赐从臣君意重,数枝和露入金盘。

玉楼春

〔宋〕杜安世

三月牡丹呈艳态,壮观人间春世界。鲛绡玉槛作屏栊,淹雅洞中王母队。不奈风吹兼日晒,国貌天香无物赛。直须共赏莫轻孤,回首万金何处买。

生查子

〔宋〕杜安世

牡丹盛拆春将暮,群芳羞妒。几时流落在人间,半间仙露。　馨香艳冶,吟看醉赏,叹谁能留住。莫辞持烛夜深深,怨等闲风雨。

蝶恋花·燕子来时春未老

〔宋〕王寀

燕子来时春未老,红蜡团枝,费尽东君巧。烟雨弄晴芳意恼,两余特地残妆好。　斜倚青楼临远道。不管傍人,密共东君笑。都见娇多情不少,丹青传得倾城貌。

临江仙·玉宇凉生清禁晓

〔宋〕张抡

玉宇凉生清禁晓,葩色照晴空。珊瑚敲碎小玲珑。人间无此种,来自广寒宫。　　雕玉栏杆深院静,嫣然凝笑西风。曲屏须占一枝红。且图敧醉枕,香到梦魂中。

南乡子·去岁牡丹时

〔宋〕吴潜

去岁牡丹时,几遍西湖把酒卮。一种姚黄偏韵雅,相宜。薄薄梳妆淡淡眉。　　回首绿杨堤,依旧黄鹂紫燕飞。人在天涯春在眼,凄迷。不比巫山尚有期。

瑞鹧鸪

〔宋〕李廷忠

洛浦风光烂漫时。千金开宴醉为期。花方著雨犹含笑,蝶不禁寒总是痴。香腮擎吐浓花艳。不随桃李竞春菲。东君自有回天力,看把花枝带月归。

陪提刑郎中吉祥院看牡丹

〔宋〕蔡襄

节候初临谷雨期,满天风日助芳菲。
生来已占妙香国,开处全烘直指衣。
揽照尽教乌帽重,放歌须遣羽觞飞。
前驺不用传呼急,待与游人一路归。

次韵牡丹

〔宋〕韩绛

径尺千余朵,矜夸古复今。
锦城春物异,粉面瑞云深。
赏爱难忘酒,珍奇不贵金。
应知空色理,梦幻即惟心。

看花四绝句(其三)

〔宋〕司马光

洛阳春日最繁华,红绿丛中十万家。
谁道群花如锦绣,人将锦绣学群花。

次韵

〔宋〕司马光

牡丹开蜀圃,盈尺莫如今。
妍丽色殊众,栽培功倍深。
矜夸传万里,图写费千金。
难就朱栏赏,徒遥远客心。

　　　　　　(据《广群芳谱》卷三十三载,此诗为范纯仁作)

和君贶《寄河阳侍中牡丹》

〔宋〕司马光

真宰无私妪煦同,洛花何事占全功?
山河势胜帝王宅,寒暑气和天地中。
尽日王盘堆秀色,满城绣毂走香风。
谢公高兴看春物,倍忆清伊与碧嵩。

吉祥寺赏牡丹

〔宋〕苏轼

人老簪花不自羞,花应羞上老人头。
醉归扶路人应笑,十里珠帘半上钩。

雨中明庆赏牡丹

〔宋〕苏轼

霏霏雨露作清妍,烁烁明灯照欲然。
明日春阴花未老,故应未忍著酥煎。

和孔密州五绝,堂后白牡丹

〔宋〕苏轼

城西千叶岂不好,笑舞春风醉脸丹。

何似后堂冰玉洁,游蜂非意不相干。

吉祥寺花将落而述古不至

〔宋〕苏轼

今岁东风巧剪裁,含情只待使君来。
对花无信花应恨,直恐明年便不开。

又和景文韵

〔宋〕苏轼

牡丹松桧一时栽,付与春风自在开。
试问壁间题字客,几人不为看花来。

杭州牡丹开时周令作诗见寄次其韵

〔宋〕苏轼

羞归应为负花期,已见成阴结子时。
与物寡情怜我老,遣春无恨赖君诗。
玉台不见朝酣酒,金缕犹歌空折枝。
从此年年定相见,欲师老圃问樊迟。

牡丹

〔宋〕苏轼

花好长患稀,花多信佳否。
未有四十枝,枝枝大如斗。

三萼牡丹

〔宋〕苏轼

风雨何年别,留真向此帮。
至今遗恨在,巧过不成双。

常州太平寺观牡丹

〔宋〕苏轼

武林千叶照观空,别后湖山几信风。
自笑眼花红绿眩,还将白首对鞓红。

述古闻之,明日即至,座上复用前韵同赋

〔宋〕苏轼

仙衣不用剪刀裁,国色初酣卯酒来。
太守问花花有语,为君零落为君开。

冬至日独游吉祥寺

〔宋〕苏轼

井底微阳回未回,萧萧寒雨湿枯荄。
何人更似苏夫子,不是花时肯独来。

答陈述古

〔宋〕苏轼

漫说山东第二州,枣林桑泊负春游。
城西亦有红千叶,人老簪花却自羞。

谢郡人田贺二生献花

〔宋〕苏轼

城里田员外,城西贺秀才。
不愁家四壁,自有锦千堆。
珍重尤奇品,艰难最后开。
芳心困落日,薄艳战轻雷。
老守仍多病,壮怀先已灰。
殷勤此粲者,攀折为谁哉。
玉腕揎红袖,金樽泻白醅。
何当镊霜鬓,强插满头回。

惜花

〔宋〕苏轼

吉祥寺中锦千堆,(钱塘花最盛处)
前年赏花真盛哉,道人劝我清明来。
腰鼓百面如春雷,打彻凉州花自开。
沙河塘上插花回,醉倒不觉吴儿咍。
岂知如今双鬓摧,城西古寺没蒿莱。
有僧闭门手自栽,千枝万叶巧剪裁。
就中一丛何所似,马瑙盘盛金缕杯。
而我食菜方清斋,对花不饮花应猜。
夜来雨雹如李梅,红残绿暗吁可哀。

牡丹

〔宋〕苏轼

小槛徘徊日自斜,只愁春尽委泥沙。
丹青欲写倾城色,世上今无杨子华。

次韵子由岐下诗并引·牡丹

〔宋〕苏轼

予既至岐下逾月,于其廨宇之北隙地为亭。亭前为横池,长三丈。池上为短桥,属之堂。分堂之北厦为轩窗曲槛,俯瞰池上。出堂而南为过廊,以属之厅。廊之两旁,各为一小池,皆引汧水,种莲养鱼于其中。池边有桃、李、杏、梨、枣、樱桃、石榴、樗、槐、松、桧、柳三十余株，又以斗酒易牡丹一丛于亭之北。子由以诗见寄；次韵和答，凡二十一首。

牡丹

花好长患稀，花多信佳否。

未有四十枝，枝枝大如斗。

和述古冬日牡丹四首

〔宋〕苏轼

一

一朵妖红翠欲流，春光回照雪霜羞。

化工只欲呈新巧，不放闲花得少休。

二

花开时节雨连风，却向霜余染烂红。

漏泄春光私一物，此心未信出天工。

三

当时只道鹤林仙，解遣秋光发杜鹃。

谁信诗能回造化，直教霜桥放春妍。

四

不分清霜入小园，故将诗律变寒暄。

使君欲见蓝关咏，更倩韩郎为染根。

游太平寺净土院，观牡丹中有淡黄一朵，特奇，为作小诗

〔宋〕苏轼

醉中眼缬自烂斑，天雨曼陀照玉盘。
一朵淡黄微拂掠，鞓红魏紫不须看。

雨中看牡丹三首

〔宋〕苏轼

一

雾雨不成点，映空疑有无。
时于花上见，的皪走明珠。
秀色洗红粉，暗香生雪肤。
黄昏更萧瑟，头重欲相扶。

二

明日雨当止，晨光在松枝。
清寒入花骨，肃肃初自持。
午景发浓艳，一笑当及时。
依然暮还敛，亦自惜幽姿。

三

幽姿不可惜，后日东风起。
酒醒何所见，金粉抱青子。

千花与百草，共尽无妍鄙。

未忍污泥沙，牛酥煎落蕊。

牡丹和韵

〔宋〕苏轼

光风为花好，奕奕弄清温。

撩理莺情趣，留连蝶梦魂。

饮酣浮倒晕，舞倦怯新翻。

水竹傍□意，明红似故园。

留别释迦院牡丹呈赵倅密州

〔宋〕苏轼

春风小院却来时，壁间唯见使君诗。

应问使君何处去，凭花说与春风知。

年年岁岁何穷已，花似今年人老矣。

去年崔护若重来，前庭刘郎在千里。

常润道中有怀钱塘寄述古

〔宋〕苏轼

国色天娆酒半酣，去年同赏寄僧檐。

但云扑扑晴香软，谁见森森晓态严。

谷雨共惊无几日，蜜蜂未许辄先甜。

应须火急回征棹，一片辞枝可得粘。

墨花并序

〔宋〕苏轼

世多以墨画山水竹石人物者，未有以画花者也。汴人尹白能之，为赋一首。

造物本无物，忽然非所难。

花心起墨晕，春色散毫端。

缥缈形才具，扶疏态自完。

莲风尽倾倒，杏雨半摧残。

独有狂居士，求为墨牡丹。

兼书平子赋，归向雪堂看。

雪后，便欲与同僚寻春，一病弥月，杂花都尽，独牡丹在尔，刘景文左藏和顺阇黎诗见赠，次韵答之

〔宋〕苏轼

残花怨久病，剩雨泣余妍。

不见双旌出，空令九陌迁。

知君苦寂寞，妙语嚼芳鲜。

浅紫从争发，浮红任蚤蔫。

天葩尚青萼，国色待华颠。

载酒邀诗将，臞儒不是仙。

谢人惠千叶牡丹

〔宋〕苏辙

东风催趁百花新，不出门庭一老人。
天女要知摩诘病，银瓶满送洛阳春。
可怜最后开千叶，细数余芳尚一旬。
更待游人归去尽，试将童冠浴湖滨。

同迟赋千叶牡丹

〔宋〕苏辙

未换中庭三尺土，漫种数丛千叶花。
造物不违遗老意，一枝颇似洛人家。
名园不放寻芳客，陌巷希闻载酒车。
未忍画瓶修佛供，清樽酌尽试山茶。

淮南牡丹

〔宋〕朱长文

奇姿须赖接花工，未必妖华限洛中。
应是春皇偏与色，却教仙女愧乘风。
朱栏共约他年赏，翠幕休嗟数日空。
谁就东吴为品第，清晨仔细阅芳丛。

蝶恋花·牡丹

〔宋〕黄裳

每到花开春已暮。况是人生,难得长欢聚。一日一游能几度。看看背我堂堂去。　　蝶乱蜂忙红粉妒。醉眼吟情,且与花为主。雪怨云愁无问处。芳心待向谁分付。

晏琼林·牡丹

〔宋〕黄裳

已览遍韶容,最后有花王,芳信来报。魏妃天与色,拥姚黄,去赏十州仙岛。东君到此,缘费尽,天机亦老。为娇多,只恐能言笑。惹风流烦恼。

莫道两都迥出,倩多才,吟看谁好。为我惨有如花面,说良辰欲过。须勤向,雕栏秉烛,更休管,夕阳芳草。算来年,花共人何处,金尊为花倒。

牡丹五首

〔宋〕黄裳

一

衮衮群芳已失真,超然奇秀始离伦。
晚得天真独有余,百花荣谢英相须。

二

夜游说与雕栏客,费尽天机老却春。

无穷春思包含尽，但问熏风有也无。

三

香色兼收三月尾，声名都压百花头。

东秦西洛累相望，只候花开是醉乡。

四

天真无处窥神化，栏畔新妆却自羞。

曾见玉香球最好，樽前何独说姚黄？

五

夜对金莲犹婉姿，晓窥清照转精神。

若教更共人长久，岂待能言始恼人。

次韵牡丹四绝

〔宋〕李之仪

一

朝阳烁烁欲争流，已过群红盍日修。

交尽妖妍犹未歇，天机终待几时休。

二

云低雨细静无风，似暮精神染异红。

驿辇慈恩赏佳句，若论今日定谁工。

三

蓬莱宫阙有神仙，解释春风欲斗妍。

不是殊狂曾迁物，肯将飞燕谓当前。

四

我老愈疏合灌园，强来乘障负初暄。
多情似识伊川蓓，宛是韩公第一根。

庭下牡丹

〔宋〕李复

春晚午景迟，气暄因妍姿。
乘酣意纵放，霞裙半纷披。
晨起露风情，肃肃争自持。
相对默无语，含羞畏人知。

和蒋秀才牡丹次韵

〔宋〕慕容彦逢

如霞如锦色何鲜，映日欹风特地妍。
独占一春疑得势，平欺群卉若当权。
自知丽艳能倾国，须放香苞趁禁烟。
花市试询桃李价，从今不直半分钱。

打剥牡丹

〔宋〕李新

大芽如荫肥，　　小芽瘦如锥。

我今取去无厚薄，不欲气本多支离。

绿尖堕地那复数，存者屹立珊瑚枝。

姚黄魏紫各王后，肯许阛茸相追随。

姬周祧庙曾祖祢，主父强汉疏宗支。

昔人立朝恶党盛，败群杂莠何可知。

一母宜男竟衰弱，岂有如许宁馨儿。

吾惧生蛇为龙祸，又畏百工无一师。

故今披剥信老手，如与造化俱无私。

明年春归乃翁出，空庭还闭绝代姿。

风雨大是遭白眼，酒炙谁复来齐眉。

衡门一锁略安分，绸缎谷待赏几时。

寄根王谢自得地，燕子归来汝莫疑。

牡丹三首

〔宋〕傅察

一

侍中宅畔千余朵，兴庆池边四五枝。

何似城南王处士，满园无数斗新奇。

二

无奈狂风日日催,东君欲去复徘徊。

应缘众卉羞相并,故遣妖姿最后开。

三

半醉西施晕晓妆,天香一夜染衣裳。

踌躇欲尽无穷意,笔法谁人继赵昌。

点绛唇·牡丹

〔宋〕李洤

十二红阑,帝城谷雨初晴后。粉拖香逗,易惹春衫袖。　把染题诗,遐想欢如归。花知否?故人消瘦,长忆同携手。

至洛

〔宋〕宗泽

都人士女各纷华,列肆飞楼事事嘉。

政恐皇都无此致,万家流水一城花。

右牡丹

〔宋〕李钢

寒过春光还漏泄,酴醾架上花如雪。

轻盈皓色讶梅开,芬馥清香胜兰茁。

龙须初开翠幔长，玉质全看素英缀。

结成幽洞自深沈，荫此芳醪更奇绝。

铜瓶只浸两三枝，香在根尘都不歇。

幽人赠我意已勤，却愧终朝烦采撷。

子美惟愁花欲飞，渊明自爱门常闭。

寻芳须趁春未残，更喜晴天垂彩霓。

吕子光惠牡丹

〔宋〕许景衡

六年不见故园花，每到花时只自嗟。

多谢故人分国艳，尚怜羁旅惜春华。

芳菲仙圃烘初日，冷落书窗照暮霞。

谁道无情便无恨，只应也学我思家。

次韵许子大李丞相宅牡丹芍药诗

〔宋〕洪炎

山丹丽质冠年华，复有余容殿百花。

看取三春如转影，折来一笑是生涯。

绮罗不妒倾城色，蜂蝶难窥上相家。

京国十年昏病眼，可怜风雨落朝霞。

观牡丹

〔宋〕邹浩

去年寒食已为客，今年寒食未还家。
春前莫负一杯酒，山后聊观三朵花。

对牡丹

〔宋〕邹浩

轻云笼日雨收尘，天作奇花照眼明。
莫道岭边无好况，吾今春在洛阳城。

谢王舍人剪状元红

〔宋〕黄庭坚

清香拂袖剪来红，似绕名园晓露丛。
欲作短章凭阿素，缓歌夸与落花风。

题画

〔宋〕李唐

雪里烟村雨里滩，看之如易作之难。
早知不入时人眼，多买燕脂画牡丹。

瑞鹧鸪

〔宋〕李廷忠

洛浦风光烂漫时,千金开宴醉为期。花方著雨犹含笑,蝶不禁寒总是痴。　香腮擎吐浓花艳,不随桃李竞春菲。东君自有回天力,看把花枝带月归。

牡丹

〔宋〕朱淑贞

嫣娆万态呈殊芳,花品名中占得王。
莫把倾城比颜色,从来家国为伊亡。

偶得牡丹数本移植窗外将有着花意二首

〔宋〕朱淑贞

一

玉种原从上苑分,拥培围护怕因循。
快晴快雨随人意,正为墙阴作好春。

二

香玉封春未啄花,露根烘晓见红霞。
自非水月观音样,不称维摩居士家。

夜合花·和李浩季良牡丹

〔宋〕晁补之

百紫千红，占春多少，共推绝世花王。西都万家俱好，不为姚黄。谩肠断巫阳。对沈香、亭北新妆。记清平调，词成进了，一梦仙乡。　　天葩秀出无双。倚朝晖，半如酣酒成狂。无言自有，檀心一点偷芳。念往事情伤。又新艳，曾说滁阳。纵归来晚，君王殿后，别是风光。

次韵李秬新移牡丹二首

一

〔宋〕晁补之

使君着意与深培，为向吴宫好处来。
得地且从三月腰，明年应更十分开。
溱傍芍药羞香骨，江里芙蓉妒艳腮。
云雨鸿龙总非比，沈香亭北漫相猜。

二

笑倚东风几百般，忽疑洛渚在江干。
玉容可得朝朝好，金盏须教一一干。
送目汉皋行已失，断魂巫峡梦将残。
七闽溪畔防偷本，回照亭边更著栏。

春日饮王立元家同赋三头牡丹依次定十韵节得牡字

〔宋〕饶节

异时王公门,使车驾四牡。

殊方仰吾父,天子尊伯舅。

舒迟入枢府,易若屈伸肘。

风流未踈缺,日月竞奔走。

诸孙以文嗣,文字宗科斗。

英华被草木,美完岂不久。

宜哉此花瑞,鼎立世无有。

绵力为君赋,半夜饥肠吼。

尺寸窘吾步,岂复到渊薮。

翻然欲投笔,大恐惠文纠。

奉陪颖叔赋钦院牡丹

〔宋〕沈辽

昔年曾到洛城中,玉椀金盘深浅红。

行上荆溪溪畔寺,愧将白发对东风。

牡丹

〔宋〕晁说之

牡丹千叶千枝并,不似荒凉在寒垣。

宣圣殿前知几许,感时肠断侍臣孙。

谢季和朝议牡丹

〔宋〕晁说之

侍无童子懒焚香,君送花来恨便忘。
尽日清芬与风竞,熏炉漫使令君狂。

如梦令

〔宋〕晁冲之

门在垂杨阴里,楼枕曲江春水。一阵牡丹风,香压满园花气。沉醉。沉
醉,不记绿窗先睡。

感皇恩·寒时不多时

〔宋〕晁冲之

寒食不多时,牡丹初卖。小院重帘燕飞碍。昨宵风雨,尚有一分春在。
今朝犹自得,阴晴快。　　熟睡起来,宿醒微带,不惜罗襟揾眉黛。日高梳
洗,看著花影移改。笑摘双杏子,连枝戴。

与潘仲达

〔宋〕张耒

淮扬牡丹花,盛不如京洛。
姚黄一枝开,众艳气如削。

亭亭风尘里,独立朝百萼。
谁知临老眼,得到美葵藿。

牡丹

〔宋〕张耒

天女奇姿云锦裹,故应听法傍禅床。
静中独有维摩觉,触鼻惟闻净戒香。

水龙吟·牡丹

〔宋〕曹组

晓天谷雨晴时,翠罗护日轻烟里。酴醾经暖,柳花风淡,千葩浓丽。三月春光,上林池馆,西都花市。看轻盈隐约,何须解语,凝情处、无穷意。

金殿筠笼岁贡,最姚黄、一枝娇贵。东风既与花王,芍药须为近侍。歌舞宴中,满装归帽,斜簪云髻。有高情未已,齐烧绛蜡,向栏边醉。

虞美人·分香帕子揉蓝腻

〔宋〕何栗

分香帕子揉蓝腻,欲去殷勤惠。重来直待牡丹时,只恐花知、知后故开迟。　　别来看尽间桃李,日日阑干倚。催花无计问东风,梦作一双蝴蝶、绕芳丛。

浪淘沙·将去南阳作

〔宋〕葛胜仲

步屦对东风。细探春工。百花堂下牡丹丛。莫恨使君来便去,不见鞓红。　雾眼一衰翁。无意芳秾。年来结习已成空。寄语国香雕槛里,好为人容。

浣溪沙·木芍药词三首

〔宋〕葛胜仲

一

可惜随风回旋飘,直须烧烛春妖娆。人间花月更无妖。　浓丽独将春色殿,繁花当合众芳朝,南宋应为醉陶陶。

二

通白轻红溢万枝,浓香百和透丰肌,丹山威风势将飞。　玉镜台前呈国艳,沈香亭北映朝曦,如花惟有上皇妃。

三

斗鸭栏边晓露沾,华堂醉赏轴珠帘,插花人好手纤纤。　谁护轻寒施翠帷,标题仙品露牙签,词人遗恨独江淹。

减字木兰花·雪中赏牡丹

〔宋〕叶梦得

前村夜半，每为江梅肠欲断。浅紫深红，谁信漫天雪里逢。　　醉头扶起，宿酒栏干犹困倚。便莫催残，明日东风为扫看。

雨中花慢

〔宋〕叶梦得

寒食前一日小雨，牡丹已将开，与客置酒坐中戏作。

痛饮狂歌，为计强留，风光无奈春归。春去也，应知相赏，未忍相违。卷地风惊，急催春暮雨，顿回寒威。对黄昏萧瑟，冰肤洗尽，犹覆霞衣。

多情断了，为花狂恼，故飘万点霏微。低粉面，妆台酒散，泪颗频挥。可是盈盈有意，只应真惜分飞。拼令吹尽，明朝酒醒，忍对红稀。

渔家傲

〔宋〕吕本中

小院悠悠春未远，牡丹昨夜开犹浅。
珍重使君帘尽卷，风欲转，绿阴掩映栏干晚。
记得旧时清夜短，洛阳芳汛时相伴。
一朵姚黄鬓髻满，情未展，新来衰病无人管。

次韵谢李簿送白牡丹

〔宋〕张扩

擎玉花头取次妍,鞓红从此不论钱。
如何未入明皇梦,已醉高吟李谪仙。

牡丹

〔宋〕陈与义

一自胡尘入汉关,十年伊洛路漫漫。
青墩溪畔龙钟客,独立东风看牡丹。

冬日牡丹五绝句

〔宋〕刘才邵

一

百花头上有江梅,更向江梅头上开。
便使诗人惭未识,春前还解上楼台。

二

天公用意太勤勤,时遣花王为报春。
从此梅花应有语,漏他消息莫冤人。

三

谁谓冰霜惨刻辰,暗中和气自生春。

花神显现东君意,说似何劳解语人。

四

聊将芳醑发微殷,岂是冰肌不耐寒。
对立亭亭真妙绝,可将近侍乏雌丹。

五

芳丛不遣雪霜封,已是青腰独见容。
更况春风重著意,行看拂槛露华浓。

过鲁公观牡丹戏成小诗呈席上诸公

〔宋〕李弥逊

昨日花间风送雨,泪脸凝愁暗无雨。
今日花间天色明,向人艳冶百媚生。
雨中多思情亦好,月日看花被花恼。
人间绝色比者谁,汉宫飞燕开元妃。
轻颦浅笑各有态,淡妆浓抹俱相宜。
传闻姚魏多黄紫,醉红不似当筵枝。
移樽洗盏苦不早,明日春光暗中老。
西斋居士心已灰,也向花前狂欲倒。

次韵传道《夜观牡丹》

〔宋〕张纲

年来春事不相关,一笑除非醉里拼。
未信花枝赠白发,且随月色傍朱栏。

他时拜赐尤能记,此夜伤心更忍看。
姚魏风流浑谩与,坐来双泪落金盘。

园中开牡丹一枝

〔宋〕朱翌

天下花王都洛京,清明寒食走香軿。
东君欲表南来意,一朵嫣然尚典型。

道中杂兴五首（其三）

〔宋〕刘一止

姚黄花中君,芍药乃近我。
我尝品江梅,真是花御史。
不是雪霜中,炯炯但孤峙。

酹江月·足乐园牡丹

〔宋〕赵师侠

韶华婉娩,正和风迟日,暄妍清昼。紫燕黄鹂争巧语,催老芬芳花柳。灼灼花王,盈盈娇艳,独殿春光后。鹤鸰初拆,露沾香沁珠溜。　　遥想京洛风流,姚黄魏紫,间绿如铺绣。小盖低回雕槛曲,车马纷驰园囿。天雨曼珠,玉槃金束,占得声名火。留连朝暮,赏心不厌芳酒。

沁园春·庚午三月望日赋椿堂牡丹

〔宋〕程珌

消得雕栏，也不枉教，车马如狂。怪元和一事，韩公子者，归来砍去，玉毁昆冈。为解花嘲，朝来试看，采佩殷霞浥露香。君休怪，算只缘太艳，俗障难降。　诗人未易平章。向百卉，凋零独后装。看洪炉大器，从来成晚，只须这著，也做花王。况是月坡，花围一尺，压尽纷纷琐细芳。还堪笑，笑龙钟老凤，方入都堂。

金盏倒垂莲·牡丹

〔宋〕曹勋

谷雨初晴，对晓霞乍敛，暖风凝露。翠云低映，捧花王留住。满栏嫩红贵紫，道尽得、韶光分付。禁籞浩荡，天香巧随天步。　群仙倚春似语。遮丽日、更著轻罗深护。半吐微开，隐非烟非霞。正宜夜阑秉烛，况更有、姚黄娇姹。徘徊纵赏，任放蒙蒙柳絮。

诉衷情·宫中牡丹

〔宋〕曹勋

西都花市锦云同，谷雨贡黄封。天心故偏雨露，名品满深宫。开国艳，正春融。露香中，绮罗金殿，醉赏浓春，贵紫娇红。

冉冉云·牡丹盛开，招同官小饮，赋此。

〔宋〕卢炳

雨洗千红又春晚,留牡丹,倚栏初绽。娇娅姹、偏赋精神君看。算费尽、工夫点染。

带露天香最清远。太真妃、院妆体段。拼对花、满把流霞频劝。怕逐东风零乱。

朝中措·山父赏牡丹，酒半作。

〔宋〕曾觌

画堂栏槛占韶光。端不负年芳,依倚东风向晓,数行浓淡仙妆。　　停杯醉折,多情多恨,冶艳真香。只恐去为云雨,梦魂时恼襄王。

点绛唇·咏十八香，异香牡丹

〔宋〕王十朋

庭院深深,异香一片来天上。傲春迟放,百卉皆推让。　　忆昔西都,姚魏声名旺。堪惆怅,醉翁何往,谁与花标榜。

凤栖梧·牡丹

〔宋〕曹冠

魏紫姚黄凝晓露。国艳天然,造物偏钟赋。独占风光三月暮。声名都压花无数。

　　蜂蝶寻香随杖屦。睍睆莺声,似劝游人住。把酒留春春莫去。玉堂元是常春处。

梦观牡丹

〔宋〕陆游

忘却晨梳满把丝,楝花嫌不似胭脂。

起来一笑看清镜,惟插梨花却较宜。

赏山园牡丹有感

〔宋〕陆游

洛阳牡丹面径尺,鄜畤牡丹高丈余。

世间尤物有如此,恨我总角东吴居。

俗人用意苦局促,目所未见辄谓无。

周汉故都亦岂远? 安得尺捶驱群胡!

剪牡丹感怀

〔宋〕陆游

雨声点滴漏声残,短褐犹如二月寒。

闭户自怜今伏老,联鞍谁记旧追欢。

欲持藤榼沽春碧,自傍朱栏剪牡丹。

不为挂冠方寂寞,宦游强半是祠官。

寄题王晋辅专春堂——堂前种牡丹

〔宋〕陆游

三月风光不贷人，千红百紫已成尘。
牡丹底事开偏晚，本自无心独占春。

忆天彭牡丹之盛有感

〔宋〕陆游

常记彭州送牡丹，祥云径尺照金盘。
岂知身老农桑野，一朵妖红梦里看。

栽牡丹

〔宋〕陆游

携锄庭下砍苍苔，墨紫鞓红手自栽。
老子龙钟逾八十，死前犹见几回开。

牡丹

〔宋〕陆游

吾国名花天下知，园林尽日敞朱扉。
蝶穿密叶常相失，蜂恋繁香不记归。
欲过每愁风荡漾，半开却要雨霏微。

良辰乐事真当勉，莫遣匆匆一片飞。

梦至洛中观牡丹繁丽溢目觉而有赋

〔宋〕陆游

两京初驾小羊车，憔悴江湖岁月赊。
老去已忘天下事，梦中犹看洛阳花。
妖魂艳骨千年在，牛弹金鞭一笑哗。
寄语毡裘莫痴绝，祈连还汝旧风沙。

新晴赏牡丹

〔宋〕陆游

杜门睡榻长苍苔，满眼新晴亦乐哉。
小市忽逢莼菜出，曲栏初见牡丹开。
不嫌雨后泥三尺，且趁春残醉几回。
自揣明年犹健在，东箱更觅茜金栽。

和谭德称送牡丹二首

〔宋〕陆游

一

洛阳春色擅中州，檀晕鞓红总胜流。
憔悴剑南人不管，问渠情味似侬不？

二

吾生何拙亦何工,忧患如山一笑空。
犹有余情被花恼,醉搔华发倚屏风。

桃源忆故人

〔宋〕陆游

城南载酒行歌路,冶叶倡条无数。
一朵鞓红凝露,最是关心处。
莺声无赖催春去,那更兼旬风雨。
试问岁华何许,芳草连天暮。

赏花至湖上

〔宋〕陆游

吾国名花天下知,园林尽日敞朱扉。
蝶穿密叶常相失,蜂恋繁香不记归。
欲过每愁风荡漾,半开却要雨霏微。
良辰乐事真当勉,莫遣匆匆一片飞。

园丁折花七品各赋一绝·叠罗红,开迟旬日,始放尽。

〔宋〕范成大

襞积剪裁千叠,深藏爱惜孤芳。

若要韶华展尽,东风细细商量。

玉楼春

〔宋〕范成大

云横水绕芳尘陌,一万重花春拍拍。蓝桥仙路不崎岖,醉舞狂歌容倦客。　真香解语人倾国。知是紫云谁敢觅。满蹊桃李不能言,分付仙家君莫惜。

咏重台九心淡紫牡丹

〔宋〕杨万里

紫玉盘盛碎紫绡,碎绡拥出九娇娆。
都将些子郁金粉,乱点中央花片梢。
叶叶鲜明还互照,亭亭丰韵不胜妖。
折来细雨轻寒里,正是东风拆半苞。

谢张公父送牡丹

〔宋〕杨万里

病眼看书痛不胜,洛花千朵唤双明。
浅红酞紫各深样,雪白鹤黄非旧名。
抬举精神微雨过,留连消息嫩寒生。
蜡封水养松窗底,未似雕栏倚半醒。

春半雨寒牡丹殊无消息

〔宋〕杨万里

今岁芳菲尽未忙，去年二月牡丹香。
寒暄不足春光晚，荣落尽迟花命长。
才一两朝晴炫野，又三四阵雨鸣廊。
对江魏紫拳如蕨。而况姚家进御黄。

立春检牡丹

〔宋〕杨万里

牡丹又欲试春妆，忙得闲人也作忙。
新旧年头将替换，去留花眼费商量。
东风从我袖中出，小蕾已含天上香。
只道开时恐肠断，未开先自断人肠。

赋周益公平园白花青缘牡丹

〔宋〕杨万里

东皇封作万花王，更赐珍华出上方。
白玉杯将青玉缘，碧罗领衬翠罗裳。
古来洛口元无种，今去天心别作香。
涂改欧家记文看，此花未出说姚黄。

题周益公天香堂牡丹

〔宋〕杨万里

君不见,沉香亭北专东风,谪仙作颂天无功。

又不见,君王殿后春第一,领袖众芳捧尧日。

此花同春转化钧,一风一雨万物春。

十分整顿春光了,收黄拾紫归江表。

天香染就山龙裳,余芳却染水云乡。

青原白鹭万松竹,被渠染作天上香。

人问何曾识姚魏,相公新移洛阳裔。

呼酒先招野客看,不醉花前为谁醉。

一猫将西子戏其旁

〔宋〕杨万里

暄风暖景政春迟,开尽好花人未知。

输与狸奴得春色,牡丹香里弄双儿。

咏牡丹集句二则

〔宋〕杨万里

一

白玉杯将青玉缘,碧罗领襟素罗裳。

冰霜洗出东风面,翡翠轻棱叠雪装。

二

东风从我袖中出,小蕾已含天上香。
古来洛口元无种,今去天心别得香。

诉衷情·牡丹

〔宋〕张孝祥

乱红深紫过群芳,初欲减春光。花王自有标格,尘外锁韶阳。　留国艳,问仙乡,自天香。翠帷遮日,红烛通宵,与醉千场。

踏莎行

〔宋〕张孝祥

长沙牡丹花极小,戏作此词,并以二枝为伯承、钦夫诸兄一觞之荐。
洛下根株,江南栽种,天香国色千金重。花边三阁建康春,风前十里扬州梦。　油壁轻车,青丝短鞚。看花日日催宾从。而今何许定王城,一枝且为邻翁送。

小重山

〔宋〕汪莘

居士情怀爱小春。恰如重会面,旧时人。东君轻笑又轻颦。如道我,春去却伤心。
青鸟下红巾。瑶池春信早,莫因循。柳丝黄日牡丹晨。相随逐,春浅到春深。

浣溪沙

〔宋〕汪莘

邦君孟侯坐上论牡丹，以为此花发于春深，禀气厚，故结花大，且属余赋词。遂以此意赋之。二月初二夜。

白日青天蘸水开。落花江上玉鞭回。东君擎出牡丹来。独占洛阳春气足，遂中天下作花魁。相知深处举离杯。

满庭芳·雨中再赋牡丹

〔宋〕汪莘

云绕花屏，天横练带，画堂三月初三。斜风细雨，罗幕护轻寒。无数天香国色，枝枝带、洛浦嵩山。烧红烛，吞星□日，光射九霞冠。　　仙宫，深几许，黄莺问道，紫燕窥帘。似太真姊妹，半醒微酣。须信生来富贵，何曾在、草舍茅庵。皇州近，扁舟载去，春色冠东南。

谒金门

〔宋〕汪莘

使君再招饮，牡丹如山，坐上赋此。

檐溜滴。都是春归消息。带雨牡丹无气力。黄鹂愁雨湿。
争看洛阳春色，忘却连天草碧。南浦绿波双桨急。沙头人伫立。

卜算子

〔宋〕郭应祥

客有惠牡丹者，其六深红，其六浅红，贮以铜瓶，置之席间，约五客以赏之，仍呼侑尊者六辈，酒半，人簪其一，恰恰无欠余。因赋。

谁把洛阳花，剪送河阳县。魏紫姚黄此地无，随分红深浅。　　小插向铜瓶，一段真堪羡。十二人簪十二枝，面面交相看。

卜算子

〔宋〕郭应祥

清明前一日，约韩耕道、卢国英、皮国材、叶南叔同赏牡丹，因点黄几叔所惠绿烛，遂赋。

绿烛间红花，绝艳交相照。不分花时雨又风，折取共吟笑。　　拟把插乌巾，却恨非年少。点笔舒笺领略渠，座客词俱妙。

朝中措

〔宋〕魏了翁

次韵同官约瞻叔兄□□及扬仲博约赏郡圃牡丹并遣酒代劝

玳延绮席绣芙蓉，客意乐融融。

吟罢凤头摆翠，醉余日脚沈红。

简书绊我，赏心无托，笑口难逢。

梦草闲眠暮雨，落花独倚春风。

柳梢青·小圃牡丹盛开，旧朋毕至，小阕寓意

〔宋〕魏了翁

昨夕相逢，烟苞沁绿，月艳羞红。旭日生时，初春景里，太极光中。

别来三日东风，已非复、吴中阿蒙。须信中间，阴阳大造，雨露新功。

祝英台近·成都牡丹会

〔宋〕丘崈

聚春工，开绝艳，天巧信无比。旧日京华，应也只如此。等闲一尺娇红，燕脂微点，宛然印、昭阳玉指。

最好是。乐岁台府官闲，风流剩欢意。痛饮连宵，花也为人醉。可堪银烛烧残，红妆归去，任春在、宝钗云髻。

贺新郎·咏牡丹

〔宋〕葛长庚

晓雾须收霁。牡丹花，如人半醉，抬头不起。雪炼作冰冰作水，十朵未开三四。又加以、风禁雨制，最是东吴春色盛，尽移根、换叶分黄紫。所贵者，称姚魏。　　其间一种尤姝丽。似佳人，素罗裙在，碧罗衫底。中有一花边两蕊。恰似妆成小字。看不足，如何可比。白玉杯将青玉绿，据晴香，暖艳还如此。微笑道，有些是。

昼锦堂·牡丹

〔宋〕黄载

丽景融晴,浮光起昼,玉妃信意寻春。一笑酒杯翻手,满地祥云。宝台艳蹙文绡帕,郎官娇舞郁金裙。嫣然处,况是生香微湿,腻脸余醺。　　暖烘肌欲透,愁日炙还销,风动成尘。细为品归雪调,度与朱唇。翠帏晚映真图画,金莲夜照越精神。须拼醉,回首夕阳流水,碧草如茵。

鹧鸪天·赋牡丹。　主人以谤花,索赋解嘲。

〔宋〕辛弃疾

翠盖牙签几百株,杨家姊妹夜游初。五花结队香如雾,一朵倾城醉未苏。　　闲小立,困相扶。夜来风雨有情无? 愁红惨绿今宵看,却似吴宫教阵图。

鹧鸪天

〔宋〕辛弃疾

浓紫深黄一画图,中间更有玉盘盂。先裁翡翠装成盖,更点胭脂染透酥。　　香潋滟,锦模糊,主人长得醉工夫。莫携弄玉栏边去,羞得花枝一朵无。

满庭芳·和洪丞相景伯韵，呈景卢内翰。

〔宋〕辛弃疾

急管哀弦，长歌慢舞，连娟十样宫眉。不堪红紫。风雨晓来稀。惟有杨花飞絮，依旧是、萍满方池。酴醾在，青虬快剪，插遍古铜彝。　　谁将春色去？鸾胶难觅，弦断朱丝。恨牡丹多病，也费医治。梦里寻春不见，空肠断、怎得春知？休惆怅，一觞一咏，须刻右军碑。

念奴娇·赋白牡丹，和范廓之韵。

〔宋〕辛弃疾

对花何似？似吴宫初教，翠围红阵。欲笑还愁羞不语，惟有倾城娇韵。翠盖风流，牙签名字，旧赏那堪省。天香染露，晓来衣润谁整。　　最爱弄玉团酥，就中一朵，曾入扬州咏。华屋金盘人未醒，燕子飞来春尽。最忆当年，沉香亭北，无限春风恨。醉中休问，夜深花睡香冷。

菩萨蛮·雪楼赏牡丹，席上用杨民瞻韵。

〔宋〕辛弃疾

红牙签上群仙格，翠罗盖低倾城色，和雨泪栏干，沉香亭北看。　　东风休放去，怕有流莺诉。试问赏花人：晓妆匀未匀？

柳梢青·和范先之席上赋牡丹

〔宋〕辛弃疾

姚魏名流,年年揽断,雨恨风愁。解释春光,剩须破费,酒令诗筹。

玉肌红粉温柔。更染尽、天香未休。今夜簪花,他年第一,玉殿东头。

西江月·和杨民瞻赋牡丹韵

〔宋〕辛弃疾

宫粉厌涂娇额,浓妆要压秋花。西真人醉忆仙家,飞佩丹霞羽化。

十里芬芳未足,一亭风露先加。杏腮桃脸费铅华,终惯秋蟾影下。

临江仙

〔宋〕辛弃疾

昨日得家报,牡丹渐开,连日少雨多晴,常年未有。仆留龙安萧寺,诸君亦不果来,岂牡丹留不住为可恨耶。因取来韵为牡丹下一转语。

只恐牡丹留不住,与春约束分明:未开微雨半开晴。要花开定准,又更与花盟。　　魏紫朝来将进酒,玉盘盂样先呈。鞓红似向舞腰横。风流人不见,锦绣夜间行。

临江仙·簪花屡堕,戏作。

〔宋〕辛弃疾

鼓子花开春烂漫,荒园无限思量。今朝拄杖过西乡。急呼桃叶渡,为看牡丹忙。　　不管昨宵风雨横,依然红紫成行。白头陪奉少年场。一枝簪不住,推道帽檐长。

鹧鸪天·祝良显家牡丹一本百朵

〔宋〕辛弃疾

占断雕栏只一株,春风费尽几功夫。天香夜染衣犹湿,国色朝酣酒未苏。　　娇欲语,巧相扶,不妨老干自扶疏。恰如翠幌高堂上,来看红衫百子图。

鹧鸪天·再赋牡丹

〔宋〕辛弃疾

去岁君家把酒杯,雪中曾见牡丹开。而今纨扇薰风里,又见疏枝月下梅。　　欢几许,醉方回,明朝归路有人催。低声待向他家道:"带得歌声满耳来"。

杏花天

〔宋〕辛弃疾

牡丹昨夜方开遍,毕竟是、今年春晚。荼蘼付与薰风管。燕子忙时莺懒。　　多疾起、日长人倦。不待得、酒阑歌散。副能得见荼瓯面,却早安排肠断。

杏花天·嘲牡丹

〔宋〕辛弃疾

牡丹比得谁颜色？似宫中，太真第一。渔阳鼙鼓边风急，人在沈香亭北。　　买栽池馆多何益，莫虚把、千金抛掷。若教解语应倾国，一个西施也得。

最高楼·和杨民瞻席上用前韵，赋牡丹。

〔宋〕辛弃疾

西园买，谁载万金归？多病胜游稀。风斜画烛天香夜，凉生翠盖酒醒时。待重寻，居士谱，谪仙诗。　　看黄底、御袍元自贵，看红底、状元新得意。如斗大，笑花痴。汉妃翠被娇无奈，吴娃粉阵恨谁知。但纷纷，蜂蝶乱，笑春迟。

虞美人·赋牡丹

〔宋〕姜夔

西园曾为梅花醉，叶剪春云细，玉笙凉夜隔帘吹。卧看花梢摇动、一枝枝。　　娉娉袅袅教谁惜。空压纱巾侧，沈香亭北又青苔，唯有当时蝴蝶、自飞来。

虞美人

〔宋〕姜夔

摩挲紫盖峰头石，上瞰苍崖立，玉盘摇动半崖花。花树扶疏一半、白云遮。　盈盈相望无由摘。惆怅归来屐，而今仙迹杳难寻，那日青楼曾见、似花人。

锦园春三犯·赋牡丹

〔宋〕卢祖皋

昼长人倦。正凋红涨绿，懒莺忙燕。丝雨濛晴，放珠帘高卷，神仙笑宴。半醒醉，彩鸾飞遍。碧玉阑干，青油幢幕，沈香庭院。　洛阳图画旧见。向天香深处，犹认娇面。雾縠霞绡，闻绮罗裁剪，情高意远。怕容易，晓风吹散。一笑何妨，银台换蜡，铜壶催箭。

木兰花慢·次韵孙霁窗赋牡丹

〔宋〕张榘

渐稠红飞尽，早秾绿、遍林梢。正池馆轻寒，杨花飘絮，草色萦袍。天香夜浮院宇，看亭亭、雨槛渍春膏。趁取芳时胜赏，莫将年少轻抛。　鞭鞘。驱放马蹄高。世事一秋毫。便飞书倥偬，运筹闲暇，何害推敲。花前效颦著句，悄干镆、侧畔奏铅刀。何日重携樽酒，浮瓯细剪香苞。

祝英台近·赋牡丹

〔宋〕张榘

柳绵稀,桃锦淡,春事在何许。一种秾华,天香渍冰露。嫩苞叠叠湘罗,红娇紫妒。翠葆护、西真仙侣。 试听取。更饶十日看承,霞腴污尘土。池馆轻寒,次第少风雨。好趁油幕清闲,重开芳醑。莫孤负,莺歌蝶舞。

六州歌头·客赠牡丹

〔宋〕刘克庄

维摩病起,兀坐等枯株。清晨里,谁来问,是文殊。遣名姝。夺尽群花色,浴才出,醒初解,千万态,媚无力,困相扶。绝代佳人,不入金张室,却访吾庐。对茶铛禅榻,笑杀此翁臞。珠髻金壶。始消渠。 忆承平日,繁华事,修成谱,写成图。奇绝甚,欧公记,蔡公书。古来无。一自京华隔、问姚魏、竟何如。多应是,彩云散,劫灰余。野鹿衔将花去,休回首、河洛丘墟。漫伤春吊古,梦绕汉唐都。歌罢欷歔。

昭君怨·牡丹

〔宋〕刘克庄

曾看洛阳旧谱,只许姚黄独步。若比广陵花,太亏他。旧日王侯园圃,今日荆榛狐兔。君莫说中州。怕花愁。

木兰花慢·客赠牡丹

〔宋〕刘克庄

维摩居士室,晨有鹊,噪檐声。排闼者谁欤,冶容袨服,宝髻珠璎。疑是毗耶城里,那天魔、变作散花人。姑射神仙雪艳,开元妃子春醒。　　酃延第一次西京。姚魏是知名。向欧九记中,恩公屏上,描画难成。一自朝陵使去,赚洛阳、花鸟望升平。感概桑榆幕景,抉挑草木微情。

天香·牡丹

〔宋〕赵以夫

蜀锦移芳,巫云散彩,天孙剪取相寄。金屋看承,玉台凝盼,尚忆旧家风味。生香绝艳,说不尽、天然富贵。脸嫩浑疑看损,肌柔只愁吹起。　　花神为谁着意。把韶华、总归姝丽。可是老来心事,不成春思。却羡宫袍仙子。调曲曲清平似翻水。笑嘱东风,殷勤劝醉。

江神子·牡丹

〔宋〕方岳

窗绡深隐护芳尘。翠眉颦。越精神。几雨几晴,做得这些春。切莫近前轻著语,题品错,怕渠嗔。　　碧壶谁贮玉粼粼。醉香茵。晚风频。吹得酒痕,如洗一番新。只恨谪仙浑懒却,辜负那,倚阑人。

汉宫春·追和尹梅津赋俞园牡丹

〔宋〕吴文英

花姥来时,带天香国艳,羞掩名姝。日长半娇半困,宿酒微苏。沈香槛北,比人间、风异烟殊。春恨重,盘云坠髻,碧花翻吐琼盂。　　洛苑旧移仙谱,向吴娃深馆,曾奉君娱。猩唇露红未洗,客鬓霜铺。兰词沁壁,过西园、重载双壶。休漫道,花扶人醉,醉花却要人扶。

八六子·牡丹次白雪韵

〔宋〕杨缵

怨残红。夜来无赖,雨催春去匆匆。但暗水、新流芳痕,蝶凄蜂惨,千秋嫩绿迷空。　　那知国色还逢。柔弱华扶倦,轻盈洛浦临风。细认得凝妆,点脂匀粉,露蝉耸翠,蕊金团玉成丛。几许愁随笑解,一声歌转春融。眼朦胧。凭栏干、半醒醉中。

木兰花慢·赋牡丹

〔宋〕陈允平

杜鹃声渐老,过花信、几番风。爱翠幄笼晴,文梭飏暖,阑槛青红。新妆步摇未稳,捧心娇、乍入馆娃宫。消得金壶万朵,护风帘幄重重。　　匆匆。少小忆相逢。诗鬓已成翁。且持杯秉烛,天香院落,同赏芳秾。花应怕春去早、尽迟迟、待取绿阴浓。拼却花前醉也,梦随蝴蝶西东。

虞美人·咏牡丹

〔宋〕刘辰翁

空明一朵杨州白,红紫无口色。是谁唤作水晶毬,惹起高烧银烛、上元愁。　　去年一捧飞来雪,不似渠千叶。狂风一蹴过秋千,憔悴玉人和泪、望婵娟。(水晶球)

恋绣衾·或送肉色牡丹同赋

〔宋〕刘辰翁

困如宿酒犹未销。满华堂、羞见目招。忽折向、西邻去,教旁人、看上马娇。　　肉色似花难可得,但花如、肉色妖娆。谁说汉宫飞燕,到而今、犹带脸潮。

念奴娇·咏牡丹

〔宋〕陈著

洛阳地脉,是谁人、缩到海涯天角。绿树成阴芳雾底,得见当年台阁。园杏贵客,海棠姬侍,拥入青油幕。人间那有,风流天上标格。　　如困如懒如羞,夜来应梦入,西瑶仙宅。为你闲风轻过去,口口不教妨却。娇不能行,笑还无语,唯把香狼籍。花花听取,年年无负春约。

水龙吟·牡丹有感

〔宋〕陈著

好花天也多悭，放迟留做残春主。丰肌弱骨，晴娇无奈，新妆相妒。翠幕高张，玉栏低护，怕惊风雨。记年时、多少诗朋酒伴，逢花醉、簪花舞。

那料无情光景，到如今、水流云去。残枝剩叶，依依如梦，不堪相觑。心事谁知，杜鹃饶舌，自能分诉。日西斜，烟草凄凄，望断洛阳何处。

木兰花慢·清明后赏牡丹

〔宋〕姚云文

笑花神较懒，似忘却，趁清明。更油幄晴悭，箬庵寒浅，湿重红云。东君似怜花透，环碧㦬，遮住怕渠惊。惆怅犊车人远，绿杨深闭重城。　　香名。谁误娉婷。曾注谱，上金屏。问洛中亭馆，竹西鼓吹，人醉花醒。且莫煎酥宛却，一枝枝，封蜡付铜缾。三十六宫春在，人间风雨无情。

烛影摇红·月下牡丹

〔宋〕刘壎

院落黄昏，残霞收尽廉纤雨。天香富贵洛阳城，巧费春工作。自笑平生吟苦。写不尽、此花风度。玉堂银烛，翠幄画阑，万红争妒。　　那更深宵，寒光幻出清都府。嫦娥跨影下人间，来按红鸾舞。连夜杯行休驻。生怕化、彩云飞去。酒阑人静，月淡尘清，晓风轻露。

水龙吟·牡丹

〔宋〕王沂孙

晓寒慵揭珠帘,牡丹院落花开未。玉栏千畔,柳丝一把,和风半倚。国色微酣,天香乍染,扶春不起。自真妃舞罢,谪仙赋后,繁华梦、如流水。

池馆家家芳事。记当时、买栽无地。争如一朵,幽人独对,水边竹际。把酒花前,剩拼醉了,醒来还醉。怕洛中、春色匆匆,又入杜鹃声里。

清平乐·牡丹

〔宋〕张炎

百花开后,一朵疑堆绣,绝色年年常似旧,因甚不随春瘦。　　脂痕淡约蜂黄,可怜独倚新妆,太白醉游何处,定应忘了沈香。

解连环·岳园牡丹

〔宋〕蒋捷

妒花风恶,吹青阴涨却,乱红池阁。驻媚景、别有仙葩,遍琼甃小台,翠油疏箔。旧日天香,记曾绕、玉奴弦索。自长安路远,腻紫肥黄,但谱东洛。

天津霁虹似昨。听鹃声度月,春又寥寞。散艳魄、飞入江南,转湖渺山茫,梦境难托。万叠花愁,正困倚、钩阑斜角。待携尊、醉歌醉舞,劝花自乐。

僧首然师院北轩观牡丹

〔宋〕释道潜

鸟声鸣春春渐融，千花万草争春工。
纷纷桃李自缭乱，牡丹得体能从容。
雕栏玉砌升晓日，轻烟薄雾初宜蒙。
深红浅紫忽烂漫，如以蜀锦罗庭中。
姚黄贵极未易睹，绿叶遮护藏深丛。
露华膏沐披正色，肯事妖冶分纤秾。
从来品目压天下，百卉羞涩莫敢同。
清净老禅根道妙，即此幻色谈真空。
上人封植匪玩好，庶敬先烈存遗风。
遨芳公子应未耳，且乐樽俎怡歌钟。

牡丹吟

〔宋〕郭祥正

三月金张启仙馆，百种名花此尤罕。
昭君晓怯边地寒，太真昼卧华清暖。
梦为庄叟蝴蝶狂，散作襄王云雨短。
莫笑空山芝与兰，冷艳不随金剪断。

双头牡丹

〔宋〕孙平仲

牡丹意态已无穷,况是连房斗浅红。
晓色竞开双萼上,春光分占一枝中。
娥英窈窕临湘浦,姐妹轻盈倚汉宫。
只为多娇便相妒,芳心相隔不相同。

瑞鹤仙

〔宋〕紫姑

睹娇红细捻。是西子、当日留心千叶。西都竞栽接。赏园林台榭,何妨日涉。轻罗慢褶。费多少、阳和调燮。向晓来、露浥芳苞,一点醉红潮颊。

双靥。姚黄国艳,魏紫天香,倚风羞怯。云鬟试插。引动狂蜂浪蝶。况东君开宴,赏心乐事,莫惜献酬频叠。看相将,红药翻阶,尚余侍妾。

满庭芳·牡丹

〔宋〕无名氏

梅子成阴,海棠初谢,小园才过清明。百花扫地,红紫践为尘。别有烟红露绿,嫣然笑、管领东君。还知否,天香国色,独步殿余春。　　轻盈。多态度,洛阳图画,韩令经营。想谪仙风韵,洒面词成。一捻深红尚透,谁信道、花也通灵。君休待、花归阆苑,莫惜醉山倾。

和彦牡丹，时方北趋蓟门，情见乎辞

〔金〕蔡珪

旧年京国赏春浓，千朵曾开共一丛。
好事只今归北圃，知音谁与醉东风。
临觞笑我官程远，赋物输君句法工。
却笑燕城花更晚，直应趁得马家红。

次韵扬司业牡丹二首

〔元〕吴澄

一

谁是旧时姚魏家，喜从官舍得奇葩。
风前月下妖娆态，天上人间富贵花。
化魄他年锁子骨，点唇何处箭头砂。
后庭玉树闲歌曲，羞杀陈宫说丽华。

二

公诗态度蔼祥云，绮语天香一样新。
楮叶雕镂空费力，杨花轻薄不胜春。
老成此日名园主，俊义同时上国宾。
乐事赏心涵造化，拨根未逊洛中人。

和仲常牡丹诗

〔元〕王恽

三月廿三日饮中作。

汉殿承恩早，金盘荐露新。

色酣中省乐，香重锦窠春。

尽殿群芳后，谁辞载酒频。

清如司马相，也作插花人。

陪马克修治书谒天游孙真人方丈阶前
牡丹盛开厄酒同玩座中范提点索诗

〔元〕曹伯启

拉友寻佳致，琳宫引兴长。

服膺思酒圣，拭目待花王。

逝水年华急，行云世态忙。

无因驻清景，春色又斜阳。

应制状元红

〔金〕郝俣

仙苑奇葩别晓丛，绯衣香拂御炉风。

巧移倾国无双艳，应费司花第一功。

天上异恩深雨露，世间凡卉漫铅红。

情知不逐春归去，常在君王顾盻中。

紫牡丹三首

〔金〕元好问

一

金粉轻粘蝶翅匀，丹砂浓抹鹤翎新。
尽饶姚魏知名早，未放徐黄下笔亲。
映日定应珠有泪，凌波长恐袜生尘。
如何借得司花手，偏与人间作好春。

二

梦里华胥失玉京，小阑春事自升平。
只缘造物偏留意，须信凡花浪得名。
蜀锦浪淘添色重，御炉风细觉香清。
金刀一剪肠堪断，绿鬓刘郎半白生。

三

天上真妃玉镜台，醉中遗下紫霞杯。
已从香国偏薰染，更惜花神巧剪裁。
微度麝薰时约略，惊疑鸾影却低回。
洗妆正要春风句，寄谢诗人莫浪来。

江城子·牡丹

〔金〕段克己

百花飞尽彩云空。牡丹丛，始潜红。培养经年，造化夺天工。脉脉向人娇不语，晨露重，洗芳容。　　却疑身在列仙宫。翠帷重，瑞光融。烁烁红灯,间错绿蟠龙。醉里天香吹欲尽,应有悟,夜来风。

自题牡丹图

〔元〕钱选

头白相看春又残,折花聊助一时欢。
东君命驾归何速,犹有余情在牡丹。

赋牡丹

〔元〕贡奎

曲槛春如锦,晴开晓日妍。
树摇风影乱,枝滴露光圆。
玉佩停湘女,金盘拱汉仙。
翠填宫鬓巧,黄染御袍鲜。
力费青工造,名随绮话传。
细翎层拥鹤,弱翅独迎蝉。
倚竹成双立,留华任众光。
久看心已倦,欲折意还怜。
洛谱今存几,吴园路忆千。
可应频戴酒,相与醉华年。

单台牡丹

〔元〕袁桷

暖风吹雨佐花开,送我洢阳第四回。

内院赐曾传侧带,江南画不数重台。

回黄抱紫传真诀,媲白抻青陋小才。

自是妖红居第一,他年折桂莫惊猜。

谢吴宗师送牡丹

〔元〕虞集

轻风紫陌少尘沙,忽见金盘送好花。

云气自随仙掌动,天香不许世人夸。

青春有态当窗近,白发多情插帽斜。

最爱尚书才思别,解吟蝴蝶出东家。

骂玉郎过感皇恩采茶歌·花

〔元〕钟嗣成

千红万紫都争放,要占断早春光。一枝分付娇相向,晓露浓,昼日长,和风荡。院粉宫黄,国色天香。逞娇柔,增秀媚,竞芬芳。只愁暮晚,风雨相妨。爱芳姿,付密意,动情肠。　　向回廊,傍华堂,高烧银烛照红妆。过景逢时随意赏,也胜潘岳在河阳。

都城杂咏

〔元〕宋褧

流珠声调弄琵琶,韦曲池台似馆娃。

罗袖舞低杨柳月,玉笙吹绽牡丹花。

龙头泻酒红云滟,象口吹香绿雾斜。

却笑西邻蠹书客，牙签缃帙费年华。

朝元宫白牡丹

〔元〕宋褧

瑶圃廓落昆仑高，霓旌豹节凌旋飙。
东门偷种来尘嚣，开云镂月百千瓣。
雪痕冰堂辞锼锲，重台复榭玉版白。
湿露拥出青霞娇，琼娥爱春受春足。
香腴酥腻愁风消，人间洛阳红紫妖。
紫霞滟滟吹秦箫，青鸾望极何当招。

毛良卿送牡丹

〔元〕张养浩

三年野处云水俱，逢春未始襟颜舒。
故人持赠木芍药，慰我意重明月珠。
入门神彩射人倒，荒村争看倾城姝。
急呼瓶水浴红翠，明窗净几相依于。
自言私第唯此本，每开蹄毂穷朝晡。
树高丈许花数十，紫云满院春扶疏。
栽培直讶天上种，熏染不类人间株。
有时风荡香四出，举国皆若兰为裾。
贫家蔀屋仅数椽，照耀无异华堂居。
天葩如此忍轻负，转首梦断巫山孤。
明当洒扫迟凫舄，未审肯踵荒寒无。
余闻感德良勤劬，久习懒散倦世途。

深藏非是德公傲，索居莫哂仪曹愚。

禁厨一脔味已得，类推固可知其余。

君持诗去为花诵，蜂蝶应亦相欢娱。

一半儿·赏牡丹

〔元〕张可久

锦裙吹上翠云枝，绿酒多传白玉卮，皓齿慢歌金缕词。牡丹时，一半儿
姚黄一半儿紫。

牡丹

〔元〕李孝光

富贵风流拔等伦，百花低首拜芳尘。

画栏绣幄围红玉，云锦霞裳踏翠裀。

天上有香能盖世，国中无色可为邻。

名花也自难培植，合费天工万斛春。

一枝花套·咏白牡丹

〔元〕沈禧

不将脂粉施，自有天然态。羊脂轻捻就，酥乳砌成来。夹叶重台。妖红
冶艳都难赛。素质檀心可喜煞。水晶毬无贬无褒。白玉瓣不宽不窄。

〔梁州〕彻赚得寻芳客争探斗买，勾引得惜花人浅耨深埋。冠群不入凡
流派。沉香亭馆，碧玉台阶。黄蜂难觅，粉蝶难猜。倚东风连理争开，迎晚
日并蒂相偕。我则道紫麝脐调合就天香，白凤翎铺排着国色，玉梅英妆点出

容颜。洁白、莹白,涅难缁标格堪人爱。困雕栏脉脉犹黄姝、卯酒才消晕粉腮。那时节笑靥微开。

〔余音〕歌钟到处携欢约,舞袖飘时压善才。博得个能是的名儿自多赖。再休去迷花恋色,再休去惹垢沾埃。他本是个救苦难的观音离南海。

和李别驾赏牡丹

〔元〕吴志淳

绛罗密幄护风沙,莫遣牛酥汙落花。
蝶梦不知春已暮,鹤翎还似暖生霞。
诗呈金字怀仙客,手印红脂出内家。
独羡沉香李供奉,清平一曲度韶华。

牡丹

〔元〕胡天游

相逢尽道看花归,惭愧寻芳独后时。
北海已倾新酿酒,东风犹镵半开枝。
扫空红紫真无敌,看到云仍未可知。
但愿倚栏人不老,为公长赋谪仙诗。

四

明代部分

题画牡丹写生

〔明〕沈周

老矣东风白发翁，怕拈粉白与脂红。
洛阳三月春消息，在我浓烟淡墨中。

吴瑞卿染墨牡丹

〔明〕沈周

雨晴风晴日杲杲，趁此看花花更好。
浇红要尽三百觞，请客不须辞量小。
野僧栽花要客到，急扫风轩破清晓。
知渠色相本来空，未必真成被花恼。
吴生又与花传神，纸上生涯春不老。
青春展卷无时无，姚家魏家何足道。

东园送白牡丹

〔明〕吴宽

故园两岁梦鞓红，凤尾花新百种空。
锦幄束能如富室，瓦盆亦足慰衰翁。
一枝争卖金钱满，三朵齐开玉盏同。
独恨春深无暇赏，暮归吹落又狂风。

镜川先生宅赏白牡丹

〔明〕李东阳

玉堂天上清，玉版天下白。
幸从清切地，见此纯正色。
露苞春始凝，脂萼晓新坼。
檀深蔼薰心，绛浅微近积。
终焉保贞素，不浣脂与泽。
先生无物玩，聊以物自适。
澹哉君子怀，富贵安可易。
临轩抚流景，爱此不忍摘。
我亦惜春心，逢花作花客。
先生顾客笑，偶此非宿昔。
客去花未阑，嫣然共今夕。

题墨牡丹

〔明〕唐寅

谷雨豪家赏丽春，塞街车马涨天尘。
金钗锦绣知多少，都是看花烂醉人。

牡丹

〔明〕唐寅

故事开元重牡丹，沉香亭北冷泉南。

如今颜色还依旧，风雨正东月润三。

画牡丹

〔明〕文徵明

粉香云暖露华新，晓日浓熏富贵春。
好似沉香亭上看，东风依约可怜人。

春雨未晴花事尚迟拈笔戏写牡丹并赋小诗

〔明〕文徵明

墨痕别种洛阳花，仿佛春风似魏家。
应是主人忘富贵，故将闲淡洗铅华。

咏牡丹

〔明〕俞大猷

闲花眼底千千种，此种人间擅最奇。
国色天香人咏尽，丹心独抱更谁知？

牡丹

〔明〕冯琢庵

数朵红云静不飞，含香含态醉春晖。
东皇雨露知多少，昨夜风前已赐绯。

山中见牡丹

〔明〕李昌祺

不嫌恶雨并乖风,且共山花作伴红。
纵在五侯池馆里,可能春去不成空。

昌公房看牡丹歌

〔明〕陆师道

尝闻乐府牡丹芳,春来一城人若狂。
我今日日被花恼,毋乃花淫如洛阳。
吴中三月花如绮,百品千名斗奇靡。
名园往往平泉庄,禅宫处处西明寺。
我今曳杖登武丘,昌公精舍花枝柔。
动如迎笑静若醉,颊白腮红名玉楼。
此花初移得春浅,六寸园开天女面。
对花一饮三百杯,醉里题诗写花片。
沈家白花涅不淄,三花相亚玉交枝。
何郎腻粉拭香汗,虢国新妆淡扫眉。
主人开宴浮大白,为花传神赠宾客。
轻绡飒飒欲飘香,琪树盈盈转生色。
酾酒为言兴未已,邀看石佛千头紫。
夜色相鲜绣佛前,天芬似入只林里。
初来一朵如倾杯,坐久数花相次开。
花神好客向客笑,不用临风羯鼓催。
三日看花花转靓,未似潘园称最盛。

中庭一树丈五高,碧瓦雕檐锦丛映。
西斋亦是玉楼春,数之二百花色匀。
寿安红与细叶紫,更有异种夸东邻。
越罗蜀锦看不足,艳裹明妆贮金屋。
身如游蜂绕花戏,月明还向花房宿。
也知天意自怜人,但令到处花枝新。
况逢晴景与佳侣,狂饮烂醉今径旬。
人生欢乐能几许,更病千愁更风雨。
安得年年似此游,作歌且记千花谱。

雪牡丹二首

〔明〕徐渭

一

银海笼春冷茜浓,松煤急貌不能红。
太真月下胭脂颊,试问谁曾见影中?

二

绛帻笼头五尺长,吹箫弄玉别成妆。
不知何事妆如此,一道瑶天白凤凰。

遮叶牡丹

〔明〕徐渭

为君小写洛阳春,叶叶遮眉巧弄鞸。
终是倾城娇绝世,只须半面越撩人。

题墨牡丹

〔明〕徐渭

五十八年贫贱身,何曾忘念洛阳春。
不然岂少胭脂在,富贵花将墨写神。

水墨牡丹

〔明〕徐渭

墨染妖姿浅淡匀,画中也足赏青春。
长安醉客靴为祟,去踏沉香亭上尘。

仲冬观牡丹花于城西人家

〔明〕徐渭

名园已得艳春朝,又向寒冬发数条。
昨夜催妆谁遣误,明朝飞雪苦非遥。
终持粉面娇罗绮,故向梅花伴寂寥。
白发红颜能几日,纷纷蝴蝶过西桥。

绿牡丹

〔明〕徐渭

白牡丹姓张名珍奴,回道士教之修练。

牡丹绿者未曾闻,狡狯司花此弄新。
汉水鸭头教作帔,陇山鹦鹉未呼人。
韩郎顷刻愁难学,酒辈逡巡醉可频。
不羡张家回道士,自抛红粉练庚辛。

赏成氏牡丹和韵

〔明〕徐渭

将军台馆俯林泉,春后名花几日鲜。
一本千金非不贵,数杯深夜转堪怜。
却披半晕当亭下,似出残妆媚客前。
遥忆旧京欢赏处,马蹄尘土踏成烟。

某君生朝抹牡丹为寿

〔明〕徐渭

道德固为长久物,崇高亦是圣贤嘉。
莫言白首疏狂客,也貌朱阑富贵花。

闻人赏给事园白牡丹（其一）

〔明〕徐渭

白牡丹殊雅,曾于旧谱闻。
扫眉娇虢国,新寡缟文君。
黑牡眠云饱,黄蜂夺雪芬。
爱憎谁与定,赊酒借花醺。

陈白阳自题花卉册十二首（其一）

〔明〕陈淳

粉态含香露未干，冰肌犹怯晓宫寒。
沉香亭北人如玉，一笑东风半倚栏。

佛头青

〔明〕王世贞

百宝栏前百艳明，虢家眉淡转轻盈。
狂蜂采去初疑叶，么凤藏来只辨声。
自是色香堪绝世，不烦红粉也倾城。
江南新样夸天水，调笑春风倍有情。

奉和诸社长小园看牡丹枉赠之作

〔明〕马湘兰

春风帘幕赛花神，别后相思入梦频。
楼阁新成花欲语，梦中谁是画眉人？

山花子·摊破浣溪沙

〔明〕陈继儒

晏起还嗔中酒时，玉脾分得牡丹枝。花下自调新乐府，写乌丝。　　　付与紫衣传别院,夜来翻入管弦畎吹。赚得老夫重醉也,有情痴。

适适园牡丹亭

〔明〕申时行

洛中移小景,亭北倚新妆。

题处皆名品,开时正艳阳。

露凝酣酒色,风度返魂香。

解道称姚魏,繁华压众芳。

小园初值牡丹结亭垂就忽放一花时逼长至

〔明〕申时行

新除药圃结亭台,倾国奇葩忽自开。

霜后著花还傲菊,春前破萼肯输梅。

韵华岂为三冬借,阳气真从九地回。

敢谓青皇私绿野,名园桃李暗相猜。

牡丹

〔明〕董其昌

名园占领艳阳多,未以沉寞废啸歌。

坐竹兴仍修褉后,看花愁奈送春何。

窗前散绮摇书带,台畔凝香乱钵罗。

莫向花丛问姚魏,年来蝶梦不曾过。

上楼春

〔明〕冯梦龙

名花绰约东风里，占断韶华都在此。
芳心一片可人怜，春色三分愁雨洗。
玉人尽日恹恹地，猛被笙歌惊破睡。
起临妆镜似娇羞，近日伤春输与你。

水调歌头·牡丹

〔明〕杨慎

春宵微雨后，香径牡丹时。雕阑十二，金刀谁剪两三枝？六曲翠屏深掩，一架银筝缓送，且醉碧霞卮。轻寒香雾重，酒晕上来迟。　席上欢，天涯恨，雨中姿。向人如诉，粉泪半低垂。九十春光堪惜，万种心情难写，欲将彩笔寄相思。晓看红湿处，千里梦佳期。

月下发曹南王五云书，索予题字，兼许惠牡丹。时以赴举至历下

〔明〕邢侗

言念心期泺水湄，到来一札月中披。
代推马粪谁何氏，身是琅琊第几枝？
白练肯邀题字遍，名花曾许带云移。
槐黄桂子三秋满，迟尔风前烂漫吹。

牡丹限韵

〔明〕何应瑞

廿年梦想故园花,天到开时始在家。
几许新名添旧谱? 因多旧种变新芽。
摇风百态娇无定,坠露丛芳影乱斜。
为语东皇留醉客,好教晴日护丹霞。

购牡丹

〔明〕李悦心

生憎南亩课桑麻,
深坐花亭细较花。
闻道牡丹新种出,
万钱索买小红芽。

五

清代部分

点绛唇·牡丹二首

〔清〕王夫之

一

春未分明,觌面始知韶日晓。朱凝粉袅,费尽春多少。　人在绿窗,艳影朦胧绕。碧天杳,瑞云回合,锦襕空青表。

二

不道人间,消得浓华如许色。有情无力,殢带着人相识。　阅尽兴亡,冷泪花前滴。真倾国,沈香亭北,此恨何时释。

牡丹花绝少并头者真州吴园忽有此瑞三月八日副使张东皋招同赏宴为倡公谳诗一章而别赠花三绝句

〔清〕袁枚

寻春古真州,无春双目闭。

春恰知我来,开花比常异。

贤哉张大夫! 指我看花地。

追寻辟疆园,遍历维摩寺。

车小穿林幽,草深得路细。

果然鼠姑花,双开色奇丽。

其旁仙种多,环立押霞帔。

送客出红云,分香入洒气。

昔闻韩魏公,金带表花瑞。

君今宰相家,花也知相示。

儿女合欢心，阴阳调燮意。

远钟一以鸣，嘉宾亦既醉。

我呼东下舟，不借南衙骑。

如别花鬘天，惝惝下尘世。

人花两难忘，作诗当作记。

元日牡丹诗七首

〔清〕袁枚

一

魏紫姚黄元日开，真花人当假花猜。

那知羯鼓催春早，富贵偏从意外来。

二

约束红香冷更艳，飘扬霞珮贺新年。

果然不愧花王号，独占春风第一天。

三

如何绝代玉环姿，蜂未闻香蝶未知。

想与梅妃争早起，严妆同对雪飞时。

四

饶他倾国与倾城，自结空山采伴行。

一样人间金紫贵，占人先处惹人惊。

五

恼杀当年舞媚娘，催开不肯逐群芳。

而今替我飞香早，可冗靖平第四章。

六

重重锦帐护轻风，脉脉私心感化工。
怜我白头花福少，预支春色与衰翁。

七

一自青溪拥绛钞，年年冷处受繁华。
也亏早把心香展，不作随行逐队花。

并头牡丹诗三首（其一）

〔清〕袁枚

两枝春作一枝红，春似生心斗化工。
远望恰疑花变相，鸳鸯闲倚彩云中。

过寒风阙到永庆寺看牡丹

〔清〕袁枚

行过寒风阙，双崖出雾中。
天常悬石柱，僧各住茅蓬。
地冷春常在，花多色不空。
牡丹三月暮，犹未了残红。

方次耘公子招赏牡丹即席赋谢二首

〔清〕袁枚

一

郎君才调古终童,稗齿能招白发翁。

千片霓裳初著雨;一枝玉树正迎风。

堂因肯构春常早;花为临池水亦红。

叹息苏夔真有子,老怀倾尽酒杯中。

二

记得初逢小凤皇,抱来争及牡丹长。

风前摩顶浑如昨;笛里怀人又几霜。

两代交情花领略;半栏灯影梦悠扬。

天公也似留宾者,镇日淋浪雨万行。

和涂长卿秀才九月开牡丹之作

〔清〕袁枚

三月繁枝九月抽,惊看秾艳卷帘钩。

紫云题句因红叶,青女飞霜到绛楼。

花自过时仍富贵,天无成见作春秋。

桓荣晚遇颜朗否,各向尊前掉白头。

翰墨天香：历代咏牡丹诗词精选

题绣谷牡丹图

〔清〕钱大昕

胭脂多买亦何为,一朵居然绝世姿。
好手写生从古少,徐黄难得在同时。
蓝尾三杯酒未干,斩新花蕊留毫端。
百年手泽能藏弆,羞煞人家墨牡丹。

浣溪沙·席上看牡丹作

〔清〕洪亮吉

云作帘衣絮作尘,向前还有几多春。艳阳天气说生辰。　　圆比十三
将望月,娇如二八上鬟人,畹兰香气玉精神。

伽蓝寺见牡丹

〔清〕林则徐

石磴危泉抱曲栏,四山云外寺门寒。
东风一夜春光透,刚到花朝见牡丹。

广陵郑超宗圃中忽放黄牡丹一枝，
群贤题咏烂然聊复效颦，遂得四首

〔清〕钱谦益

一

玉钩堂下见姚黄，占断春风旧苑墙。
但许卿云来侧畔，即看湛露在中央。
菊从土色论三正，葵让檀心向太阳。
作贡会须重置驿，轩辕天子正垂裳。

二

郑圃繁华似洛阳，崭新一萼御施黄。
后皇定许移栽植，青帝知谁作主张？
栀貌花神刊谱牒，檀心香国与文章。
若论魏紫应为匹，月夕依稀想鞠裳。

三

一枝红艳笑沉香，道貌文心两擅场。
富贵看谁夸火齐，妖饶任尔媚青阳。
开尊正爱鹅儿色，拂槛偏怜杏子妆。
此是郑花人未识，无双亭畔为评量。

四

绣毂春风羡洛阳，小栏何意见维扬。
仙人鹤骑来云表，玉女香车驻道旁。
十里珠帘回宴赏，万花红烛换风光。

竹西歌吹雷塘路,梦里华胥日正长。

满江红·棠村赏牡丹

〔清〕梁清标

春草孤村,茅亭立、老槐如昨。香满院、名花倾国,临风绰约。三径才开佳客至,一樽细雨同斟酌。叹十年、宦海历风尘,空耽搁。

钟鼎业,波涛恶。林壑里,无拘缚。趁日长体健,流连芳萼。屋角远山青欲滴,溪边钓艇鱼新跃。看眼前、世事谩关情,秋云薄。

玉蝴蝶·棠村看牡丹

〔清〕梁清标

报道西村花发,春风一夕,香满疏栏。载酒携笙,亭畔淡淡云烟。弄轻阴、新篁院宇,翻翠浪、绿野平田。草芊绵。花名倾国,蛱蝶翩跹。留连。芳郊细马,红妆垂袖,一笑嫣然。银甲调筝,几多心事入眉湾。岂相逢、琵琶江上,浑不让、棋墅东山。耐人看。斜阳松影,倦鸟知还。

菩萨蛮·题徐渭文画紫牡丹

〔清〕陈维崧

年时斗酒红栏下,一丛姹紫真如画。今日画花王,依稀洛下妆。　徐熙真逸品,浅晕葡萄锦。挂在赏花天,狂峰两处喧。

贺新郎·竹逸斋中紫牡丹枯而复生

〔清〕陈维崧

日暖莺声细。喜亭亭、依然玉琢，吴宫小字。暂别红尘刚一载，还傍画楼珠砌。却又斗新兴鬌髻。多少桃腮和杏脸，逢旧人、远胜新人丽。论族望，雒阳魏。

看花漫忆当年事。记人名、一般颜色，几般才艺。自被子规催去急，零落娇香满地。拼舞榭、为伊长闭。若使紫台真再返，笑鸿都，枉用骖鸾计。花凝笑，又含睇。

虞美人·赋得一枝红牡丹

〔清〕陈维崧

绿窗浓昼逢初夏，满院花都谢。昨宵丝管醉沈香，重放一枝栏角斗红妆。

曲廊软幔娇难画，提起开元话。杨妃带笑绽红鲜，不数阿姨粉面夜朝天。

沁园春·立夏日赏牡丹

〔清〕陈维崧

每到春余，便过君家，来冲绮筵。正楝花风里，金铃细响，湖山石畔，绣幔低褰。绿叶扶红，琼酥衬紫，三种倾城各自妍。疏狂客，更诗催弈圣，酒引僧颠。

沈香不记何年。算天宝风流事邈然。记锦袍学士，新声倚曲，淡容貌国,薄醉朝天。事去休提,愁来须谢,眼底明妆尽可怜。春归矣,仗花间蜂蝶,邀取春还。

菩萨蛮·过云臣看牡丹

〔清〕陈维崧

满城争放花千朵,狂夫那肯家中坐?才得过西邻,东家唤又频。径须冲酒去,那怯廉纤雨。日日为花颠,何曾让少年。

菩萨蛮·招看牡丹,以雨未赴

〔清〕陈维崧

堂前劝酒清尊急,阑前著雨红妆湿。多分酒醒时,嘻笑把话辞。蹒跚迈不可,索性捂耳朵。拼做薄情人,恹恹睡一春。

菩萨蛮·柬讯牡丹消息

〔清〕陈维崧

银铃油幕安排巧,刚刚只等花期早。闻说药栏东,娇香将晕红。　连朝天欲雨,苦勒春寒住。何日一枝开,侬应侧帽来。

水调歌头·牡丹将放,词以催之

〔清〕陈维崧

峭冷侵金鸭,乍暖熨铜龙。东皇好景何限,相别苦匆匆。

二十四番花信,一百五朝寒食,几阵酒旗风。豆吐蚕婆绿,花绽鼠姑红。

画栏西,绮窗北,锦城中。姚黄何事羞涩,媚脸未全融。

速办慈恩车骑,并倩华清钿笛,邀取谪仙翁。早放木芍药,慢舞玉珑璁。

碧牡丹·追赋鲜碧牡丹

〔清〕陈维崧

隔叶寻难著。胜玉树,欺红药。缥色衣裳,睡熟沉香亭角。

一朵云鬟,被雨梳风掠。趁花容,鲜烟萼。

柳阴薄,色向苔钱落。波痕皱,眉痕弱。鹦鹉笼中,也整绿衣偷学。

一别名花,怅碧云天各。倩青鸾,到湘阁。

西子妆慢

〔清〕陈维崧

四月朔日,同吴天篆过通真观王炼师道院看牡丹,即用天篆昨岁雨中看花韵。

紫府玲珑,丹房窈窕,长就枝头娇婳。看花人逐蝶蜂忙,隔花试寻游侣。

醮坛侧去。露几朵、檀痕浅注。羡盈盈、比人间金谷,更饶幽趣。

花如语。低撼金铃,小向暮春诉。红颜最怕落花风,乞炼师为花重铸。

师还念取。刘郎鬓、已经如许。待来春、元都观又成前度。

鹊桥仙·咏紫牡丹

〔清〕陈维崧

欧家碧好,彭门红好,总让伊行清绮。

画栏才放数枝花,映百丈、银墙都紫。

相公袍带,头厅印绶,凡艳那堪相比。

试将花色细形容,烟凝得、暮山如此。

一丛花·闰三月三日看紫牡丹

〔清〕陈维崧

琴川前月记幽探,艇子漾柔蓝。冶游恰值人修禊,风光在、碧嶂红潭。
街上饧箫,山边荠菜,春色上春衫。

今朝魏紫放晴檐,丽景十分添。一年最好惟三月,谁频见、两度重三。
花好逢王,春浓遇闰,乐事艳江南。

选冠子·惜余春慢·梁园看牡丹

〔清〕陈维崧

节过溮裙,人稀抛堶,又是一番初夏。春归下浣,客到中原,陇首浓阴谁
画。多少濛濛柳绵,和了春阴,浣人帘下。正晓来忽听,园丁报道,牡丹开
也。

相携去、阏伯台前,孝王园后,小试玉骢宝马。梅风几阵,莺语多般,引
出紫娇红姹。歌板栏边竞开,密幄围花,娱他清夜。撚一枝忽忆,沈香且作,
开元闲话。

水龙吟·暮春看牡丹

〔清〕陈维崧

一年一度花前,旧年笑语莺犹记。

今年倍好，才开便遇，养花天气。

料理银罂，排当檀板，绿窗如水。

唤游丝舞絮，遮围绣幕，休轻放，闲愁至。

多少倚阑心事。怅神州、斜阳战垒。

沉香亭畔，慈恩寺后，蘼芜满地。

只有江南，一枝如故，红酥粉腻。

任英雄老了，花还赚我，且逢花醉。

后庭宴·壶天斋看牡丹

〔清〕陈维崧

天宝名花，蓬莱新筑。君家最有仙家福。洛阳千里锦年光，摄来都向壶中缩。

盈盈复蹬回廊，袅袅娇丝脆竹。绿窗低唱，换了华清曲。历乱夜灯红，被帘风小蹴。

倦寻芳·竹逸堂紫牡丹满阑

〔清〕陈维崧

画堂左侧，绣栏东偏，朵朵轻俊。欧碧姚黄，总是让他风韵。紫府家乡原不远，红楼伴侣休相混。记当时，恰一枝初颤，便曾厮认。

讵料是六年一别，今日人归，倍添春晕。满院浓香，砌就闲愁成阵。

雨后喜看娇态足，朝来怕见残妆褪。这情怀，沈醉醒时，细将花问。

选冠子·惜余春慢·赏紫牡丹

〔清〕陈维崧

飞絮年光,脱绵时节,绿遍裙腰芳草。洛阳贵籍,紫府真妃,脸晕露华春晓。

记得年前种时,一朵娇柔,问年犹小。自画堂养就,芳姿渐长,闲愁不少。

蓦听得、杜宇催归,浓春将谢,先自替花烦恼。排当檀板,料理金樽,花径夜来频扫。追想开元旧游,玉笛宁王,琵琶贺老。只日斜客散,满栏姹紫,剩游蜂绕。

牡丹诗（二十首录三首）

〔清〕丘逢甲

一

倚竹何人问永嘉？满城锦幄护香霞。
自从谢客标名后,已占春风第一花。

二

何事天香欲吐难？百花方奉武皇欢。
洛阳一贬名尤重,不媚金轮独牡丹。

三

东来花种满西园,谁与乘槎客细论。
从此全球作香国,五洲花拜一王尊。

翻香令·题写生大防山绿牡丹

〔清〕高士奇

碧房不喜斗秾华，别将浅黛点生纱。鸭头水，染来嫩，倩崔徐、描叶也如花。

春明外石径天涯，露梢何处蘸青霞。从今识，画图面，问洛阳、红紫在谁家。

烛影摇红·荷包牡丹

〔清〕高士奇

不缺墙东，那家游女闲窥宋？联牵红袖倚春丛，妖态其谁共？

爱此冶颜纤种，笑针娘玉葱难动。倘逢大宝，腻粉酣红，定嫌肥重。

一落索·洛阳春·病榻侧瓶插牡丹

〔清〕高士奇

拗花不到花开处，怕沾衣香露。摩挲棐几看鞓红，慵谱髯翁句。

药阑料得开无数，倩园丁分取。黄蜂粘翅蝶粘须，肯蓦入重帘否？

题画牡丹

〔清〕李鱓

空斋霪雨得淹留，检点奚囊旧倡酬。

画尽燕支为吏去，不携颜色到青州。

看天坛牡丹

〔清〕孔尚任

稔色浓香独倚风，花王品格自难同。
一枝开在云霄上，又压群芳几万丛。

唐伯虎墨笔牡丹

〔清〕姚鼐

两枝芳蕊出深丛，休比徐熙落墨工；
曾向金陵参法眼，了知花是去年红。

牡丹

〔清〕孙星衍

浓香艳质自天然，栽入楼台望若仙。
应笑东君相识晚，不教开占百花先。

牡丹花下集同袁箨庵、唐祖命、方尔止、张瑶星、余淡心、黄俞邰诸君子长句一首

〔清〕钱陆灿

前岁花时渡江去，去岁吴门三月暮。

三度花开一度看，今年恰在金陵住。

金陵旧是帝王都，岁岁花开如画图。

此花又殿春风后，朱衣王谢相传呼。

一筵醵费中人产，一花千人万人眼。

金盘彩篮共贻赠，招邀名士分折柬。

永和兰亭金谷园，月落檀板催金尊。

百尺乌丝长到地，清辞艳句争飞翻。

得所秾花易消歇，子规啼血栖宫阙。

无复天彭百驮花，王孙五胜埋香国。

花残人散可怜春，十处园林九处尘。

欲往城南访耆旧，酒徒零落空芳辰。

太史园中花百种，红敧绿捧花头重。

花神有意洗妆迟，要勒词头固君宠。

诸公同日看花来，邓生酒瓮还重开。

廿年无此好事者，无诗不醉那能回？

酒醉诗成花欲语，明岁花开待予汝。

春雨春风作主人，鸾飘凤泊同羁旅。

向云泽自曹州以牡丹见遗赋答

〔清〕陈廷敬

春风料峭几枝斜，浓艳依然带露华。

牧佐旧为芸阁吏，曹南今有洛阳花。

写生银管曾修史，入席天香抵坐衙。

茆舍竹篱还称否，凭君相赠引烟霞。

咏牡丹

〔清〕何觊

纷纷姚魏斗春风,绣幄荆扉富贵同。

无限异名添旧谱,因多奇艳出新丛。

澹妆恰共归云碧,浓抹还随旭日红。

欲报花神新得句,清平逸调至今工。

同子静舟次朝采过天坛道院看牡丹
和绎堂詹事韵二首

〔清〕汪懋麟

一

骑马到仙坛,凭栏问牡丹。

当风香已足,承露影能团。

绿重繁阴密,红销晚态宽。

余酣真被酒,趁取夕阳看。

二

浓芳今已暮,幽赏转嫌迟。

欲借春三日,还留蕊数枝。

元与休作赋,供奉有新词。

不易逢倾国,谁教缓玉卮。

雾中花

〔清〕江应铨

名花笼雾认难真，道是还非梦里身。
仿佛汉家宫殿冷，隔帷遥见李夫人。

绿牡丹和韵

〔清〕吴巽

平台冉冉黛初匀，不逐邻园斗丽春。
金谷荒凉成往事，风前犹想坠楼人。

余有寄怀曾钱塘吴宝厓绝句

〔清〕王士禛

紫陌纷纷看牡丹，车如流水从金鞍。
那知冰雪西溪路，犹有梅花耐冬寒。

牡丹二首

〔清〕元威

一

催放鼠姑花信风，锦茵银烛照鞓红。

何当淡月兹恩卉，传遍新词到六宫。

二

品题国色总寻常，姚魏争夸压群芳。
不是宣和翻旧谱，何人解赏女真黄。

燕京花之巧，巧夺造化。 牡丹碧桃玉兰迎春之类，于三日皆可计日而得

〔清〕查浦老人

出窖花枝作态寒，密房烘火暖春看。
年年天上春先到，十月中旬进牡丹。

周益公牡丹有白青绿者

〔清〕杨诚

白玉杯将青玉绿，碧罗领衬素罗裳。
冰霜洗出东风面，翡翠轻棱叠雪装。

牡丹

〔清〕印白兰

花花叶叶采毫神，窈窕行云缥渺春。
怪得红颜齐俯首，天风吹下魏夫人。

雨中牡丹

〔清〕曹寅

十日笙歌兴剧阑,残枝仍耐雨中看。
香披翠幕醒初解,泪渍霞涡腻不干。
伦俗煎酥矜韵事,锦工留谱擗清湍。
文通漫叹风流尽,容易雕檐蜡炬寒。

城西看牡丹四捷句

〔清〕曹寅

一

今年花兴赴春迟,僝僽余寒怕办诗。
孟季季旬过谷雨,画阑才见醉蜂儿。

二

佯颠做懒一番风,剪紫裁红特意工。
来日杯觥付闲汉,不教狼藉对诗穷。

三

扫垢山旁花独幽,杙船一巷绿杨稠。
可知国色无兼美,刚数曹州又亳州。

四

壁上题诗破紫苔,花前酹酒更徘徊。

日斜莺倦出门去,收拾残香好再来。

元威绸庵送牡丹口占代柬四首

〔清〕曹寅

一

角酒量文帖乞花,竹西春老客思家。
夜来金谷谁争长,塞破寒厅斗宝车。

二

烘霞错绣上银屏,偃露敧风要使令。
七尺光中真醉倒,愿花长寿祝花灵。

三

推邢亚尹静无辞,随例煎酸不作诗。
一捻妖红三束锦,何须越网网西施。

四

无论魏紫与姚黄,曲录床头共饮香。
两日画帘闲不卷,老夫可是护花忙。

咏花信廿四首(其廿二)·牡丹

〔清〕曹寅

天香不共晓风还,锦绣丛中春自然。
留取一枝酬彩笔,笙歌彻夜画栏前。

玉山僧院牡丹

〔清〕曹寅

旧种知名贵,重台杂卉茵。
紫衣端向晓,绀宇静移春。
江露扶头重,山杯洗足频。
阇黎将此意,欢喜供天人。

咏杜鹃后漫题当归俗名
荷包牡丹南京久客杜陵句也

〔清〕曹寅

碧纷裙带绿阶草,红缀荷包满盎花。
三月杨州闻杜宇,南京久客可思家。

瑞龙吟·崇效寺看牡丹,用清真韵

〔清〕夏孙桐

　　城南路,还见绣陌横芜,绀墙敧树。名花偏傍空王,石坛净扫,来寻胜处。　　小延伫,无恙笑春人面,暖风当户。酣香染彻仙衣,婵烟簇簇,翩翩欲语。　　多少繁华姚魏,酒酣云散,销歌沈舞,难得过门相呼,游侣逢故。钿车锦障,都入伤心句。僧寮外、茶烟歇影,苔茵迟步。寸寸斜阳去,何人向说,凭栏意绪。春事留残缕,休更问、明朝无端风雨。对花慰籍,燕雏相絮。

倦寻芳·过废园，见牡丹盛开，有感

〔清〕过春山

絮迷蝶径，苔上莺帘，庭院愁满。

寂寞春光，还到玉阑干畔。

怨绿空余清露泣，倦红欲倩东风浣。

听枝头，有哀音凄楚，旧巢双燕。

漫伫立、瑶台路杳，月佩云裳，已成消散。

独客天涯，心共粉香零乱。

且尽花前今昔酒、洛阳春色匆匆换。

待重来，只怕有、断魂千片。

崔绍先邀看牡丹

〔清〕刘大绅

路入轻盈杨柳湾，浓华尽在曲栏间。

氤氲荀令风前座，绰约杨妃醉后颜。

从教芝兰香别涧，笑输桃李点空山。

如何也许林泉客，率尔空山共往还。

六丑

〔清〕刘富槐

癸丑四月初二日游崇效寺，牡丹已谢，芍药未开，感而赋此。

恨寻春较晚，正枣寺、芳菲都歇。旧京梦回，鞓红消眼缬、满院啼鴂。载酒人何处？暮烟颓照，恋梵王宫阙。新词写出元舆笔，珂玉鸣风、觟犀仵月。前游顿成销歇。剩杨花数点，来去无迹。　　兰成愁绝，但沉吟岸帻，看取残英在。那忍摘，华鬘望断消息、向咸阳道上，抚摩铜狄。人间世、雨煎风急，算来有、几朵将离替艳，难慰岑寂。高楼外、芳草如织，想陌头、多少蘼芜怨，催人鬓白。

瑞龙吟

〔清〕金兆藩

闰枝偕书衡曼仙崇效寺看丹牡，用清真韵属和，余今岁未过城南，尝诣春耦斋，牡丹正盛开，赋七言长句，复谱此阕。

春归路，肠断细草萋烟，夕阳殷树。朝来宣武坊南，东风烂漫，花开几处。　　更延伫，仍忆梓花飘径，枣林环户。何人策蹇同游，被花赚取、纱笼好语。　　休问唐宫遗事，沉香亭上，霓裳仙舞，惟有紫衣黄裳，风韵如故。凝香比艳，当日流传句。萦遐想、回阑深倚，长廊闲步。心逐余春去，蛮笺未尽，玄都怨绪。云织愁千缕，何况又、匆匆连宵风雨。梵林梦绕，游丝飞絮。

仲衡招看牡丹同赋

〔清〕徐作肃

连轸绿阴策蹇来，花枝拨闷重徘徊。
意中物态看频过。眼底春归乍一开。
轻雾浓香纷惹袂，深宵初日更衔杯。
垂垂芍药仍相恼，可得狂歌次第催。

仲衡招看牡丹不赴以花折赠

〔清〕徐作肃

望去名花带雨痕,狂飙争此浥沙昏。
胜游虚负南州榻,上客遥传北海樽。
折赠远涂香绕屋,相怜绝色秀堪飧。
吾庐何必须高枕,已遣幽情到绮园。

疏影·咏白牡丹菊

〔清〕冯永年

嫣红如锦。向东篱深处,幻出幽隐。疑是肥环,浴罢残妆,特地涤阴脂粉。东皇沈醉幽丛里,一霎被、西风吹醒。似素娥、青女同游,携得绿珠陪媵。　　谁把春秋搅乱,仙人殷七七,游戏三径。颠倒芳魂,参错纤秾,别有一天风韵。繁华移入清凉界、笑色相、恁般无准。待明朝、落帽筵前,同话洛阳春景。

牡丹

〔清〕张锡祚

深院东风入,开帘香气清。
名花愁采摘,独立殿残春。
格贵谁求价,庭空欲避人。
玉台今寂寞,对尔觉伤神。

牡丹

〔清〕刘藻

春风已老众香国,冶杏夭桃无颜色。
总持春事赖花王,领袖群芳有余力。
晓露初拆紫玉芳,晚烟半护黄金蕊。
照影临池自袅袅,含香对月尤蠢蠢。
主人久空色香界,绿意红情已寂默。
数亩荒园自锄理,春韭秋菘是所亟。
郡国名花人共艳,匪我思存屏异域。
去年友人致数本,不应弃置聊封殖。
岂意东皇正有情,催放天葩无吝啬。
海云凤尾幻形容,倒晕檀心费镂刻。
顿令小圃擅风光,收转春光回衔勒。
时闻柳外莺声来,焕起花魂花不识。

杂咏牡丹（十二首录四首）

〔清〕赵新

豆绿

群芳卸后吐奇芬,高挽香鬟拥绿云。
谢绝人间脂粉气,远山眉黛想文君。

冰清

铅华洗净著清风,独抱冰心样不同。

写艳无须朱点染,肖形真个玉玲珑。

梨花雪

如广寒宫见丽华,娉婷月下一枝斜。
梨花白雪工摹拟,从此休将玉色夸。

掌花案

火珠闪烁映丹霞,艳到如斯更莫加。
若使移教端节放,居然斗大石榴花。

题东山园牡丹

〔清〕朱暧

绿云堆里露仙芳,红玉枝头浓淡妆。
月下飞来琼岛种,风前似舞汉妃裳。
清魂留我三春梦,幽馥袭人一夜香。
漫道向时翻旧谱,再栽新句酹花王。

六

近现代部分——

牡丹

吴昌硕

酸寒一尉出无车，身闲乃画富贵花。
胭脂用尽少钱买，呼婢乞向邻家娃。

题御笔牡丹九首

王国维

一

大钧造物无时节，画出姚黄历岁寒。
不数城南崇效寺，一年一度倚栏看。

二

摩罗西域竞时妆，东海樱花侈国香。
阅尽大千春世界，牡丹终古是花王。

三

欲步元舆赋牡丹，品题国色本来难。
众仙舞罢霓裳曲，倦倚东风白玉栏。

四

唐人竞买洛城闉，篱护泥封得几旬？
一自天工施点染，画堂常作四时春。

五

扶疏碧荫护琼姿，不怕风狂雨妒时。
俗谚总归天冶铸，牡丹多仗叶扶持。

六

红梅未吐腊梅陈，数朵琼云点染新。
天与人间真富贵，来迎甲子岁朝春。

七

俯者如思仰者悦，古人体物有余工。
不须更诵元舆赋，尽在丹青造化中。

八

天香国色世无伦，富贵前人品未真。
欲识和平半乐意，玉阶看取此花身。

九

履端瑞雪兆丰年，甲子贞余又起元。
天上偶然闲涉笔，都将康乐付垓埏。

题御笔花卉四幅（选一）·牡丹

王国维

万种秾花着意开，纷纷桃李尽舆台。
俯思仰悦饶姿态。总被层霄雨露来。

闻钝士、悔斋将之单父游忆园看牡丹

扈翰廷

春光老去命巾车，为访涞阴金事家。
羡尔名园追洛水，倩谁妙笔写烟霞？
乾坤清气樽中酒，富贵浮云眼底花。
借问忆园何所忆？于今姚魏有根芽。

忆园牡丹

李经野

洛阳名花古所闻，春风今又属曹南。
忆园主人勤莳艺，万事不理花事谙。
群芳久已归管领，牡丹千本心犹贪。
抱瓮而前无机事，寄庐新修避世龛。
忝陪徐子作二仲，晓径为我开三三。
千红万紫咸退避，荽尾甘让出头地。
忆昔看花到长安，花厂近列长春寺。
园丁力俸造化功，纸窗密室储温气。
唐花果然冬先荣，金钱浪掷倾朝贵。
卖花贾尽吾乡人，年年分根远射利。
只惜经春已凋殒，弱质撩眼本柔脆。
游戏宛洛二十载，郎署浮沉饱世味。
花瓣诗谶记韩湘，廉阳远谪同潮阳。
荔丹蕉黄不适意，唯有此花是同乡。
炎荒地暖熏蒸易，顷刻真能发天香。

覆庑略为燃蕴火，不似内园分温汤。

北历燕山南百粤，宛转相从谁能忘？

花易憔悴人易老，容颜不复昔时好。

繁华阅尽浑如梦，常恐抽身苦不早。

自从移疾卧林丘，田园就荒只生愁。

树蕙蕙枯况百亩，种竹竹活芽初抽。

今朝驱车过涞阴，俾我病夫开昏眸。

身在忆园更成忆，俯仰今昔感旧游。

自笑原非富贵家，有缘却在富贵花。

乃知此生但眼福，此身端宜栖烟霞。

山馆信宿不能去，闲弄笔墨争岁华。

芳亭日落宿花影，栏外朝晖喧蜂衙。

天地自然无双艳，武林马塍休矜夸。

主人有酒旨且多，对花一醉发诗葩。

次前韵

李经野

泽畔吟久歇，遗集悲郁华。

衣钵被贾生，门多长者车。

穿筑涞水阴，结想何其遐。

当春芳菲节，候已过山茶。

花王得净土，不受风尘遮。

意园真富贵，系出天潢家。

主人故好客，礼意时有加。

公门盛桃李，令我长咨嗟。

至言奋忠义，城北轩轩霞。

人事惊代谢，岁月原非赊。

今兹良宴会,天香发奇葩。

未知木芍药,能否治琼芽?

看花到洛阳,曾泛星使槎。

何如忆园里,风景应无差。

已足谷雨雨,羯鼓何须挝?

与君拼一醉,抔饮樽可污。

庭前种梅一小株已数年矣，今始着花，喜赋

李经野

庭小藏得太古春,手种花木无俗尘。

菉竹已活迸新笋,安榴结实何轮囷。

牡丹数丛闲红药,春风两度香色匀。

奇花异卉不能致,寻常所得皆怀新。

寒梅横枝已三载,但见骨格空嶙峋。

深闭固拒若有意,恐非和靖作主人。

年头况值岁大寒,老木冻裂皮皆皴。

癯仙乃独舒冷艳,耐寒肯与钝翁邻。

兴来相看两不厌,一日百回哪嫌频。

情意乃觉淡处永,臭味转从疏时亲。

呼儿相与为长句,勿负月地与霜晨。

游皇藏峪

李经野

入山恐不深,住复穷谽谺。

桃源忘远近,渐已无人家。

山容忽苍翠，群木攒嵯岈。

林行不见日，樵斤响阴崖。

山寺知何处？容我探幽遐。

蓦惊老青檀，参天势权桠。

奇馥扑鼻观，黑蝶受风斜(峪中黑蝶甚多)。

谁知梵宇中，牡丹正发花。

一株花逾百，仙家春色奢。

吾曹知名久，未见此奇葩。

乃知方隅见，自囿徒矜夸。

银杏千年物，金碧萦烟霞。

到此洗俗态，甘饮山僧茶。

小憩复登顿，腰脚健有加。

草树愈蒙密，从古无梳爬。

幽岩藏古洞，疑可居龙蛇。

字题康熙年，摩挲几咨嗟。

攀缘历颠顶，踪迹偶麋麚。

竞秀归一览，浑忘归路赊。

今日此老眼，不受风尘遮。

安得专一壑，永谢人境哗。

万树无鸟巢，不见栖昏鸦。(林中无一鸟巢，一奇也)

涞阴精舍赏牡丹

徐继孺

谷雨遘时雨，鼠姑郁其华。

游人日坌集，吾亦巾吾车。

名园负涞水，柳阴陟幽遐。

主人迟我至，汲泉烹早茶。

新亭互竦峙，众木相亏遮。

果然姚与魏，黄紫各名家。

冰雪虽微损，姿态谁能加？

小山穷登顿，俯仰生叹嗟。

富贵但一瞬，此地足烟霞。

精舍集群英，琴台望非赊。

令我怀高李，余风醉诗葩。

人文久消歇，夭遏无萌芽。

对花感荣落，身世如浮槎。

君衍意园脉，屈平得景差。

天香入美酒，狂奏渔阳挝。

留欢非阿好，任人笑余污。

忆园牡丹和钝士并简莱臣

陈继渔

东皇辞权归帝乡，花神休迹如逃藏。

娄尾余春不我与，空忆唐宫百花王。

少年不识花事好，历下芳菲委露草。

长安看花怅离筵，洛阳满园唱懊恼。

辛亥春游齐鲁园，咏霓旧侣留四皓。

黉山遥赠芍药作，国色天香出瑶岛。

一朝风云万变态，花落几见人不老？

曹南名花领群芳，爱而不见见恨少。

昨买牡丹栽五株，一枝半开倏枯槁。

市上胭脂并幻影，场师射利枉机巧。

忆园胜景足嘉遁，主人手植逾千本。

灌凭抱瓮涞水清，开向琴台春风暖。

红云近接栖霞山，从太白游兴非浅。

雅集我负良友约，龙钟恐为花所晒。

曾读清平调三章，沉香亭畔调宫商。

敢讽新妆比飞燕，几忘花萼联棣棠。

何如芳园开春宴，朝赏魏紫夕姚黄。

诗心例须借福眼，四百六字光琳琅。

我和阳春日云暮，怅望风月怜色香。

色香年年新如旧，不同俗艳红紫斗。

眼花借镜看妍媸，耳食凭人说肥瘦。

回首玉京会群仙，意园老人作领袖。

庭前花品真无双，羽客觞咏杂佩绶。

清挹余芬蜂有衙，晚嗔飞英燕欲救。

哪堪春随陵谷迁，重与富贵花邂逅。

唐苑移根植名山，谪仙复为题锦绣。

客询忆园何所忆？意园别有锦囊授。

蹉跎白首抛春华，过客百年等昏昼。

明年花发重联吟，不待开樽我来就。

自汴归来，牡丹凋谢。
感赋四首

何右宾

一

小园减却洛阳春，难驻仙颜候主人。

富贵浮云原幻梦，芳华逝水想丰神。

乍逢漫恨花成阵，相对无言草作茵。

怜尔光阴容易老，家山应早返征轮。

二

粉渍脂痕露未晞,汉宫空说斗芳菲。

红颜逐队随春去,绿叶成荫著雨肥。

莺燕嗔人惭负负,蝶蜂恋汝故飞飞。

栽花珍重及时意,景物蹉跎胡不归?

三

香满园林映日华,翠帷锦幄陋唐家。

三章唱彻清平调,一捻开残芍药花。

名士美人谁解识,晓风落月自横斜。

书生哪有留春技,狼藉芳魂只怨嗟。

四

枝头何处觅残红,国色天香过眼空。

既谢况教经夜雨,重逢还待借春风。

一年花事悲流水,满地芳馨怅化工。

恨我来迟须细数,莫将扫去唤奚童。

浣溪沙·社稷坛白牡丹

张伯驹

雪縠冰绡障晓寒,娥眉素面欲朝天,瑶台结队下群仙。　　珠箔浑疑来燕燕,绣鞍只合赠端端,张灯还碍月中看。

八宝妆·故宫牡丹

张伯驹

恩宠当时深雨露,咫尺日近天颜。赭袍香惹,风定却妒炉烟。金粉横披青玉案,霓裳罢舞翠云盘。醉琼筵,侍臣载笔,仙仗随銮。　　无那繁华顿改,叹鼎湖去远,劫换长安。记得三郎一笑,忍梦开天。含愁犹傍御砌,只留与、寻常百姓看。斜阳里,剩倩魂离影,谁问凋残。

临江仙·洛阳

张伯驹

金谷园荒芳草没,当年歌舞成尘。杜鹃声里又残春。落花满地,来吊坠楼人。　　风物依然文物尽,才华空忆机云。佩环不见洛川神,牡丹时节,斜日一销魂。

玲珑四犯·同枝巢翁雨后访稷园牡丹和原韵

张伯驹

羞对倾城,问两鬓霜华,添又多少。且作欢娱,同续寻芳图稿。连日雨骤风狂,剩看取半妆犹好。更扑面柳絮濛濛,春被杜鹃啼老。

沧桑瞥眼人间小,镇销魂、苑花宫草。重来只有园丁识,当日朋欢半了。休忆梦里霓裳,富贵应难长保。步玉阑干畔,吟未尽,啼还笑。

天香·雨中牡丹

张伯驹

酣酒眠醒,试汤浴罢,扶时欲起犹困。翠幕堆烟,红潮卷浪,晓看隔帘痕晕。楼台锦绣,渲染似、谁家画本。珠汗脂香逐队,吴宫演成图阵。

轻梳柳丝未整,总难绾、廿番风信。怕到午晴天气,露华飘尽。便是春回有准。可忍使、倾城对衰鬓。一曲闻铃,歌来也恨。

南歌子·绿牡丹

张伯驹

颜色分鹦鹉,毛仪讶凤凰。窗纱蕉影映花光,休认成阴结子过芬芳。

竹叶杯浮酒,柳衣汁染香。洛阳曾与醉千场,狂杀当时惨绿少年郎。

影映苹婆釉,光摇度母坛。色香不住有情天,悟到非花非叶是真禅。

照人琉璃镜,盛来翡翠盘。封书字拟鸭头丸,好为花王夜奏乞春寒。

瑞鹧鸪·故宫看牡丹

张伯驹

艳色浓香玉砌前。兴衰几换不知年。

飘零敢怨芳时晚,恩宠犹思盛日全。

彩仗曾叨春步辇,珠灯回梦夜张筵。

只今都了倾城恨,迸泪相看亦惘然。

瑞鹧鸪·和君坦。故宫看牡丹。

张伯驹

春光上苑锦成围。莫使迟开贬牡丹。忆妒炉烟陪御仗,恍闻玉佩降仙坛。漫天滚雪风无定,匝地铺阴露不干。沧海何知朝市改,浓妆犹自倚阑干。

百宜娇·咏宅内牡丹。和君坦。

张伯驹

一捻嫌深,二乔输浅,云想羽衣相近。酒色朝酣,露华夜满,香袭书帏妆镜。霞痕睡画脸,看净洗、胭脂红凝。悔迟眠、莫误芳期,更须连漏催醒。

收拾起珠灯画帧,移春事重思,梦寒心冷。舞絮楼台,泊花落院,来去东风无定。繁华瞬逝,怕只剩、金铃幡影。自沉吟、插竹围阑,白头双凭。

小秦王·和君坦。忆崇效寺牡丹。

张伯驹

看花曾忆立楸阴,旧寺无人问枣林。题画布施犹恨少,姚黄一本换千金。

崇效寺,旧名枣林寺。寺藏有《青松红杏图》,清人题跋殆满,寺僧不轻以视人。如索观欲题其后者,须多给布施金。寺更以牡丹胜,西庑前姚黄一株,高七八尺,百年前物,美国人以一千元买去之。

小秦王·家内牡丹花开，约友小酌相赏。

张伯驹

旧种三丛剩一丛,劫余已是小庭空。
藕荷犹作霓裳舞,不见杨妃指捻红。

旧种藕荷裳两株,大红剪绒一株,后被人移去藕荷裳、大红剪绒各一株。

满院春光映酒樽,谁来一醉与销魂。
绿杨先似知人意,作絮因风乱入门。

牡丹开时正柳絮飞时,飘花滚雪,极有意致。

今朝有酒老须颠,人与花皆近百年。
更有楚宫当日柳,细腰学舞沈郎前。

约同馆沈老来看花,彼九十三岁,牡丹亦近百年。

曾经三日下厨房,四十年来老孟梁。
相笑早非新嫁妇,重劳洗手作羹汤。

与室人潘素结褵已四十年,今约友小饮,劳其重作羹汤。

小秦王·甲寅谷雨后，寄庐牡丹开六十余朵，招友小饮赏花。

张伯驹

庭院午晴日未移,游蜂争绕牡丹枝。
白头吟侣无多少,小饮花开正及时。

近年来,小饮赏花亦难能可贵之事。

多病不疏有故人,看花酌酒过佳辰。
扶筇且下维摩榻,莫负芳菲梦里春。

君坦病中扶筇,由益知相伴,亦来。

牡丹时节艳阳天,有酒今朝老更颠。
人寿对花花更好,红颜白发共华年。

沈老年近百龄,能饮酒,老而益壮。

吟咏王郎有霸才,笔花开向国花开。
倘能相赠端端句,应是千金换不来。

王益知不能饮,须罚其为诗。

华筵高敞对花王,豪兴犹思旧梦狂。
今日周郎休顾误,金尊檀板少排场。

昔余中年盛时,牡丹时节每设筵邀诗词老辈赏花,自开至谢。赵剑秋进士曰:此真三日一小宴,五日一大宴也。夜悬纱灯,或弹琵琶、唱昆曲,酒阑人散已子夜矣。周子笃文未及赶上此时。

竹作阑干石作屏,更无结网系金铃。
好花须看不须折,相赠惟能酒半瓶。

沈老归去,以半瓶酒赠之。

花边小坐醉扶头,心逐狂蜂浪蝶游。
走马匆匆年少事,老来犹未减风流。

客去觉微醉,扶头坐花边,不知今日为何日也。

社稷坛中锣鼓哗,红旗摇曳卷杨花。
宣南寺废煤山闭,春色谁知在我家。

牡丹昔以崇效寺盛,今以景山盛。寺废,而景山未开。社稷坛则游人喧杂,殊碍赏花。余家中一株春色自满,不更游园。

明岁当能百朵开,诗朋酒友盼重来。
年年花不嫌人老,更向东风醉一回。

明岁花开或能百朵,当再作饮赏。人虽皆老,而花则不嫌也。

瑞鹧鸪·夏至后西安公园对牡丹

张伯驹

暑气沸如火烁沙,成围绿叶午阴遮。初阳早孕来年蕊,绝色犹思去日花。　　爻占耆英传洛社,春移姝丽梦唐家。何当明岁乘游兴,楝子风前玩物华。

小秦王·邀裕君、君坦、益知、笃文小酌,赏牡丹

张伯驹

盛日恩荣少十全,还斟薄酒对残筵。

可怜花与人同老,白首东风又一年。

荒庭瓦砾旧西涯,雕佩荷裳过梦华。

珠履当时觞咏地,斜阳犹傍太平花。

戎马仓皇恨别离,故人相念寄题诗。

丹青貌写端端好,忍忆常州老画师。

小醉日多酒入唇,沈郎回忆镇丰神。

寿星明共春长在,百朵花迎百岁人。

开半须看莫到全,春风早趁敞华筵。

女儿十五容颜好,豆蔻初逢待字年。

春短春长亦有涯,千金肯为负昌华。

暂时富贵邯郸梦,不待重阳就菊花。

番风次第到将离,珍重春光合有诗。

莫待飘花飞絮尽,兰陵王唱李师师。

柳棉歌少破朱唇,八斗才无赋洛神。

忍见飘零容貌改,还怜避面李夫人。

故乡牡丹

张大千

不是长安不洛阳,天彭山是我家乡。
花开万萼春如海,无奈流人两鬓霜。

题曹州牡丹

楚图南

绿艳红香烂彩霞,春回大地绽奇葩。
须知富贵仙乡种,已是人间自由花。

咏曹州牡丹梨花雪二首

赵朴初

一

山东菏泽园艺家晁中继同志以白牡丹一盆见赠,家人送至医院,赏玩久之,赋此为谢。

正是一年将尽夜,不期病室现三春。
感君巧夺天工手,为我争来粉黛新。

二

花谢,拾起落瓣置案头,对之终日。

碎玉偏留眼,余香特恋人。

落花良有意,片片叩诗心。

题曹州牡丹

启功

木芍药发沉香亭,谢客题诗早正名。
终卉任教南土盛,花王北国擅芳馨。

咏曹州牡丹梨花雪

启功

菏泽园艺家晁中继先生惠赠白牡丹,笔谢一首,次朴翁韵。
南国水边初一见,燕都今作满园春。
纷纷黄紫看曾惯,诗老高吟雪色新。

墨牡丹一首

启功

曾得杨妃带笑看,奇花蒙垢总无端。
画家为雪千秋耻,不把胭脂著牡丹。

浣溪沙

史树青

自梁山水泊至曹州出席牡丹花会作

访古才过忠义堂,看花又到牡丹乡,胜游莫负好春光。 曾记洛城评魏紫,又从菏泽识姚黄,万人空巷说花王。

浣溪沙
史树青

结伴清游兴偏长,暮年寻胜趁春光,高歌应放少年狂。 今日眼前逢魏紫,又来佳赏是姚黄,羞将白发对花王。

癸亥春游曹州牡丹园口占
宋振庭

神往曹州不知年,几曾梦里舞蹁跹,
老来只觉天地阔,放步畅游牡丹园。

赞曹州牡丹
刘开渠

曹州似锦满城花,朵朵明艳难分差。
巧手千秋画不尽,留下丹青赠万家。

打油二十字
魏启后

岁岁到春栏,追游车马喧。

牡丹红似火,灯火似长安。

曹州牡丹

柳倩

仲春花发绿凝光,艳若丹霞万亩霜。
郑洛娇容夸国色,曹州妩媚世无双。
琅玕倚遍怀赵粉,海誓盟时愧玉环。
泄露春心非所愿,尘泥纵萎又何妨。

画牡丹题

于希宁

雨过鼠姑争向阳,千姿万态逗人忙。
古称洛花佳天下,今听九州菏泽香。

题词

康巽

菏泽四月春色好,赵楼风光分外娇。
万紫千红花似海,车水马龙人如潮。
香风伴送跃进曲,赏花笑语意气豪。
喜看年年翻新样,争道今日胜前朝。

题曹州牡丹

翁闿运

闻道开元始见夸,当时红紫总输他。
于今百卉争芳日,遍植曹州盛世花。

菏泽牡丹喜赋四首

周笃文

一

名花如浪涌狂潮,滚滚天香透九霄。
比似卿云仙界色,大平盛景喜同描。

二

洛阳花事盛千年,菏泽新香孰比妍。
万亩红芳宽似海,诗情冲破九重天。

三

牡丹香国久牵魂,未到花城已动心。
姹紫嫣红来梦里,中宵觅句有诗人。

四

八十龄翁也太痴,赏花千里任驱驰。
天香第一曹州府,妒煞神仙知不知。